结构模型设计制作与分析

李俊华　林　云　编著

中国建筑工业出版社

图书在版编目（CIP）数据

结构模型设计制作与分析/李俊华，林云编著. —北京：中国建筑工业出版社，2018.3（2024.1重印）
ISBN 978-7-112-21576-8

Ⅰ.①结… Ⅱ.①李… ②林… Ⅲ.①建筑结构-结构设计-模型（建筑）-高等学校-教学参考资料 Ⅳ.①TU318 ②TU205

中国版本图书馆 CIP 数据核字（2017）第 292949 号

责任编辑：王砾瑶
责任设计：李志立
责任校对：王 烨

结构模型设计制作与分析

李俊华 林 云 编著

*

中国建筑工业出版社出版、发行（北京海淀三里河路 9 号）
各地新华书店、建筑书店经销
霸州市顺浩图文科技发展有限公司制版
北京凌奇印刷有限责任公司印刷

*

开本：787×1092毫米 1/16 印张：12½ 字数：301 千字
2018 年 2 月第一版 2024 年 1 月第五次印刷
定价：**45.00** 元
ISBN 978-7-112-21576-8
（31236）

前言

土木工程是一个实践性很强的专业，为提高学生的创新设计与工程实践能力，全国高等学校土木工程专业指导委员会和中国土木工程学会自 2007 年以来，每年主办全国大学生结构设计竞赛，到 2017 年已成功举办了十一届。该项赛事现已成为教育部确定的全国九大大学生学科竞赛之一，每年吸引大量土木工程及其他相关专业的学生参与。在全国大学生结构设计竞赛的引领和带动下，各省、市、地区以及高校内部的结构设计竞赛也在不断开展。当然，也有个别省、市的竞赛活动开展时间早于全国赛事，如浙江省，其省内一年一度的大学生结构设计竞赛至今已成功举办了十六届。

从近些年国家和省、市的结构设计竞赛题目来看，其主要关注工程结构实际面临的问题，如抗震、抗风、抗撞击等，设计对象既包括房屋建筑、道路桥梁等传统结构，也包括海洋平台、高架水塔、立体停车场等特种结构，设计题目兼具实用性和灵活性的特点，采用的材料丰富多彩，包括纸片、塑料、竹材等。通过设计、制作结构模型并进行加载测试，使学生全面了解结构设计与施工的全过程，培养学生的创新思维，锻炼学生的实践动手能力。

目前，各省、市及全国大学生结构设计竞赛都有参赛队伍名额限制，为选拔合适的学生队伍参加浙江省及全国大学生结构设计竞赛，本书作者所在的宁波大学每年都举行校级结构设计竞赛。为了给学生提供良好的竞赛训练条件，学校于 2006 年成立了大学生结构设计实践教学基地，2007 年该基地升级为浙江省省级实践教学基地，本书第一作者从 2007 年起担任该基地的负责人，负责学校结构设计竞赛活动的组织与参赛学生的指导工作，至今已有十余年。近两年，受学校"大学生结构设计协会"邀请，又担任了该社团的辅导老师。"大学生结构设计协会"的一项重要任务是组织新生进行结构设计竞赛，吸引对竞赛活动感兴趣的大一学生参与。刚入校的大一新生参加结构设计竞赛面临的最大困难是结构概念尚不清晰、分析问题的能力尚有欠缺、模型制作经验尚不足。为了改善这一状况，协会的负责人希望能有一本专门指导学生进行结构模型设计、制作与分析的书，为参赛学生提供帮助，这就是本书出版的初衷。

全书共 11 章，围绕学生参与的历届国家和浙江省大学生结构设计竞赛模型设计、制作、分析展开，对参与此项工作的学生深表感谢！宁波大学林云老师、布占宇老师、章子华老师、丁勇老师、吴善幸老师、魏春梅老师、王天宏老师等长期以来对参加结构设计竞赛的学生进行了悉心指导，本书第一作者的研究生对书中部分计算分析过程做出了贡献，作者在此谨向他（她）们致以诚挚的谢意！书中部分插图和内容引自全国和浙江省大学生结构设计竞赛赛题，特此感谢！

由于作者学识水平有限，书中难免存在不妥之处，恳请并感谢读者给予批评指正！

2017 年 11 月

目录

第 1 章　吊脚楼模型设计制作与分析

1.1　模型设计制作背景

  吊脚楼是我国传统山地民居中的典型形式。这种建筑依山就势，因地制宜，在三峡库区等南方旧式民居中比比皆是，在今天仍然具有极强的适应性和顽强的生命力，是中华民族久远历史文化传承的象征，也是我们的先辈们巧夺天工的聪明智慧和经验技能的充分体现。近年来的工程实践和科学研究表明，这类建筑易于遭受到地震、大雨诱发的泥石流、滑坡等地质灾害而发生破坏，自然灾害是这种建筑的天敌。因此，如何提高吊脚楼抵抗这些地质灾害的能力，是工程师们应该想方设法去解决的问题。

  第六届全国大学生结构设计竞赛以吊脚楼抵抗泥石流、滑坡等地质灾害为题目，以质量球模拟泥石流或山体滑坡，撞击一个四层吊脚楼框架结构模型的一层楼面，如图 1-1 所示。模型材料为竹片，模型结构构件之间的连接采用 502 胶水。模型各层楼面系统承受的竖向荷载由附加配重钢板或配重铅块实现。主办方提供器材将模型与加载装置连接固定，并提供统一的测量工具对模型的性能进行测试。

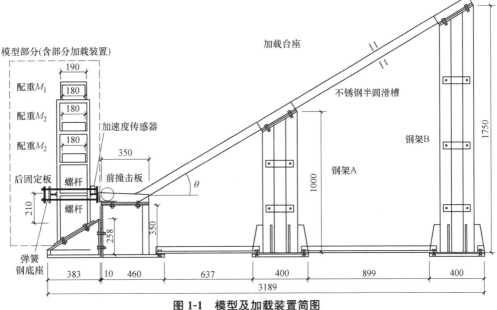

图 1-1　模型及加载装置简图

1.2　模型设计与制作过程

1.2.1　关键问题分析

  本次竞赛的主要形式为质量球撞击承受荷载的结构楼面，撞击前承受既定的竖向荷载

（配重），其中屋面配重为可变配重，二、三层楼面配重为恒定配重，一楼配重为安装于层楼面的加载装置质量。撞击加载共分三级，每级加载取质量球不同的下落高度。模型性能通过加载试验评定，加载评分标准为：

（1）计算模型承受的总质量 M（g）

$$M=M_1+M_2+M_3+m \tag{1-1}$$

式中　m——结构自重（g）；

M_1、M_2——配重质量（g）；

M_3——一层楼面处安装于模型上的加载装置质量（g）。

（2）计算模型性能得分

$$C=\frac{Ma}{500m} \tag{1-2}$$

式中　m——结构自重（g）；

M——模型承受的总质量（g）；

a——传感器实测加速度值（km/s²）。

$$S=75\frac{C}{C^*} \tag{1-3}$$

式中　C^*——各队模型性能参数的最大值；

C——本队模型的性能参数；

S——本队模型性能得分。

从加载评分标准可以看出，模型设计的目标有三个：一是模型自身的质量足够轻；二是模型能承受的竖向荷载（配重）足够大；三是模型承受质量球冲击时的瞬间水平加速度尽量大。因此设计的关键在于：首先要选择合理的结构体系以便在自重较小的情况下尽可能承受更大的竖向荷载，其次设计合适的抗冲击单元以有利于消耗冲击能量并获得较大的瞬间水平加速度。

1.2.2　上部承载结构选型

首先考虑采用如图 1-2 所示的传统梁板结构，这种结构荷载分布均匀，稳定性较好，但构件数量多，传力尚不直接，自重相对大，基于竞赛目的考虑，选择放弃。

图 1-2　传统梁板结构

为减少构件数量，并使竖向荷载的传递路线尽可能直接，设计了如图 1-3 所示的十字交叉梁结构，较传统方式，梁传递给柱的荷载更加直接，传力路线变短，用材减少，效率提高。

上述十字交叉梁采用方形空心截面，荷载传递的过程中梁承担较大的弯矩和剪力作用，但方形空心截面抗弯效果不佳，因此图 1-3 所示的十字交叉梁截面尚有改进的空间。考虑到竹材抗拉性能好，设想改变梁截面形式，并进行了拉片提重物试验，如图 1-4 所示。

试验结果表明，采用拉片形式足以承担既定的楼面竖向荷载。为使拉片荷载有效传递，同时避免应力集中，在拉片端部加设一圆柱形过渡构件，使拉片与柱形成一个小于90°的夹角，如图 1-5 所示。

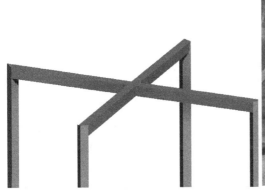

图 1-3　十字交叉梁结构　　　　　　　图 1-4　拉片提重物试验

图 1-5　应力过渡构件　　　　　　　　图 1-6　上部支撑构件

为保证拉片与竖向主杆的可靠连接，将主杆的端头切成一个斜坡，角度与拉片倾斜的角度相同，这样就能使拉片与主杆以最大面积接触，防止二者脱落。但构件的连接仅仅依靠 502 胶水，其可靠度尚难以保障。联想到焊接钢构件时，融化焊条使二者结合，于是将竹材"融化"，即将竹片磨成竹粉涂在拉片与主杆连接的周围，再用 502 胶水粘合，极大地提高了连接的可靠度。同时在柱顶设置支撑构件（见图 1-6），受荷时支撑构件与圆柱形过渡构件接触，一方面防止连接处竹片向上撕裂，另一方面起到卸载作用，提高构件的承载能力。上部结构的最终方案如图 1-7 所示。

图 1-7　上部结构示意图

1.2.3　下部抗冲击结构选型

模型下部一层楼面要承受冲击动力荷载。初步考虑两种不同的杆件布置形式，一种是用水平杆加斜向杆件直接抵抗冲击荷载（见图 1-8）；一种是利用水平杆加反向拉片间接抵抗冲击荷载。根据赛题规则，无论哪种形式，构件都要固定在地板上，质量球冲击位置

（图 1-8 中 F_1 作用位置）恒定。由于角度的原因，前者的水平冲击力（图 1-8 中的 F_1）由水平杆和斜向杆件共同分担，而试验加载所测的加速度是水平加速度，能量在斜向杆件中

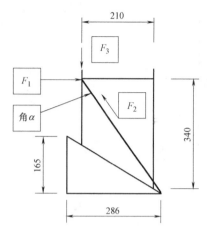

图 1-8 底部支撑结构计算简图

消耗后，必然导致水平加速度测量值减小，对竞赛得分不利；同时，斜向杆件的荷载（图 1-8 中 F_2）向上传递，在节点柱中产生向上的冲击效应（图 1-8 中的 F_3），而上部主杆的长度较长，长细比较大，杆件容易发生失稳破坏，为防止失稳破坏的发生，必须增加杆件强度，这将导致模型质量大大增加。

假设图 1-8 中角 α 为 40°，通过分析可以得到，当施加水平荷载 F_1 时，斜向杆件受到的冲击力 F_2 大约为 F_1 的 1.5 倍，上部柱需要承受的冲击力 F_3 大约为 F_1 的 1.1 倍，可见采用第一种杆件布置形式时，各主要杆件的受力都较大。

加速度是否会因为能量的向上传递而减小呢？图 1-9 为按此思路制作的模型在三次冲击荷载作用下的加速度图像。模型自重 m 为 390g，承受的总质量 M 为 58000g（自重＋满载配重）。

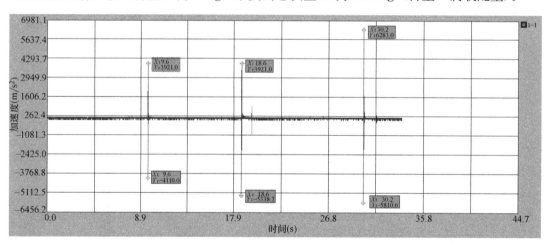

图 1-9 底部支撑结构加速度测量图

从图 1-9 可以看出，模型最大加速度为 6283.0m/s²，最小加速度为 -5810.6m/s²，取绝对值最大值 6.283 km/s²，则模型性能参数为：

$$C_1 = \frac{Ma}{500m} = \frac{58000 \times 6.283}{500 \times 390} = 1.869$$

倘若在图 1-8 的撞击点处引申一条下拉片替代图中的斜向杆件，形成水平杆加反向拉片的另一种抗冲击结构形式（见图 1-10）。经过分析，当其中水平杆件与拉片的夹角大约为 30°时，拉片受到的冲击荷载 F_2 只有不到 F_1 的 1.2 倍；与拉片相交的柱受到的荷载 F_4 只有 F_1 的 0.6 倍，因此第二种抗冲击结构形式更为合理。

进一步对比分析：斜拉片间接抵抗冲击荷载的方式与前者相比受力的角度更小，效率更高；同时在这种受荷方式下，冲击能量有很大一部分被拉片吸收，对吊脚层的柱起到良

好的保护作用，有利于节约材料。更重要的是，拉片与水平冲击点不直接接触，可使结构获得更大的瞬间水平加速度，提高竞赛成绩。

图 1-11 为按此思路制作的模型在三次冲击荷载作用下的加速度图像。模型自重 m 为 270g，承受的总质量 M 为满载 58000g（自重＋满载配重）。

从图 1-11 可以看出，模型最大加速度为 8739.6m/s²，即 8.7396km/s²，模型性能参数为：

$$C_2 = \frac{Ma}{500m} = \frac{58000 \times 8.7396}{500 \times 270} = 3.755$$

可见模型性能参数有明显改进，因此选择了水平杆加拉片的间接抵抗冲击作用的结构形式，最终选择的下部结构形式如图 1-12 所示。

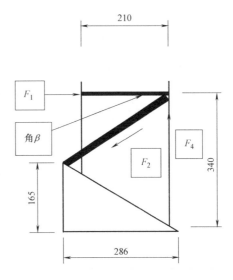

图 1-10 底部斜拉结构计算简图

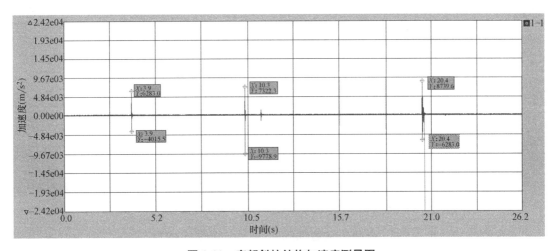

图 1-11 底部斜拉结构加速度测量图

1.2.4 结构整体刚柔性分析

关于整体结构刚柔性的选择，主要考虑两个因素，一是对结构加速度的影响，二是对模型质量的影响。模型制作初期，采用较柔结构形式（见图 1-13）。其特点是二、三、四层采用同样的平面布局，模型上下在水平面的投影尺寸没有变化。同时，在二、三层间设置了交叉斜拉杆，保证结构在抵抗冲击作用时具有良好的整体性。这种结构形式下，测得的加速度图像如图 1-14 所示。经计算，模型性能参数为 3.755。

完成上述模型的撞击试验后，考虑调整模型杆件布局，将上面两层即第三、四层的杆件尺寸调小（内径为 200mm×200mm），第二层的杆件调为上小下大结构（顺着撞击方向的两个侧面均采用直角梯形，如图 1-15 所示），底部楼层的杆件外径变为 240mm×240mm。此时的结构刚度大，撞击时的整体位移较小，由此得到的加速度图像如图 1-16

所示。

图 1-12　下部结构示意图

图 1-13　二、三层同截面尺寸示意图

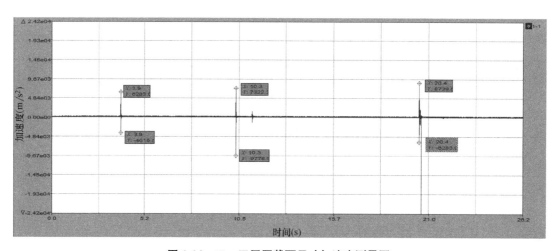

图 1-14　二、三层同截面尺寸加速度测量图

此时模型质量为 290g，荷载为满载 58000g，加速度绝对值最大值为 18093.2m/s²，即 18.0932km/s²。模型性能参数为：

$$C_3 = \frac{Ma}{500m} = \frac{58000 \times 18.0932}{500 \times 290} = 7.237$$

计算结果表明，模型性能参数较前者提高了近 1 倍。由此可见，刚性结构的测试加速度比柔性结构要明显大很多。综合模型质量和加速度测试结果，同时兼顾比赛规则，最终选定了上述刚度较大的模型形式。

1.2.5　其他构件与连接设计

（1）二、三层承载结构设计

按照规则，二、三层要承担配重钢板，设计将几根薄片直接固定在圈梁上以满足赛题要求并最大限度地减小模型质量，如图 1-17 所示。

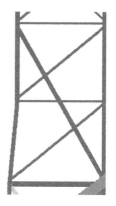

图 1-15　二、三层不同
截面尺寸示意图

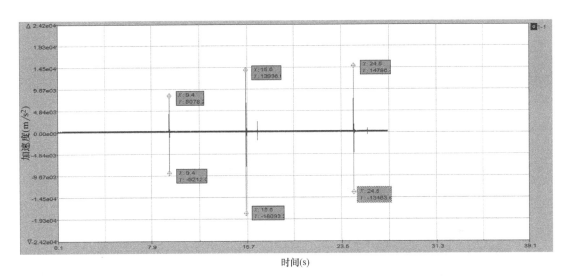

图 1-16　二、三层不同截面尺寸加速度测量图

（2）一层抗冲击构件设计

选择三层空心杆，并对中部最易弯曲折断的部分做了加固，确保结构安全。

（3）拉片设计

不同位置的拉片采用不同的截面尺寸，其中垂直撞击方向的前后两个面的拉片采用小截面尺寸，对于两个侧面的拉片，因为这个方向位移较大，对构件要求高，因此截面尺寸相对较大。

（4）柱杆件抗爆裂设计

模型柱主杆采用空心杆，为防止杆件的爆裂，在外围包裹

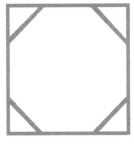

图 1-17　二、三层承载结构示意图

如图 1-18、图 1-19 所示的螺旋状竹片。经过试验，发现同等质量下，此设计可以大大增强主杆的承载力，很好地解决了爆杆问题。

图 1-18　上部支撑柱实物图

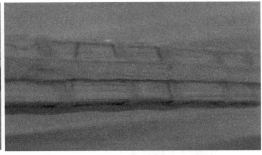

图 1-19　下部支撑柱实物图

（5）连接点粉末的应用

对于承受巨大冲击力的结构来说，除了具有合理高强的构件外，还需要将这些构件牢固地连接起来，因此选择采用将竹片磨成竹粉应用在构件之间的连接和固定上，如图 1-20 所示。

图 1-20　加粉节点实物图

图 1-21　结构顶部实物图

（6）顶部十字交叉梁变形控制

模型顶部采用十字交叉梁，同时根据竞赛规则，在四周设置了薄片圈梁，由于薄片圈梁所起到的支撑作用有限，为提高十字交叉梁的刚度，减小其在竖向荷载作用下的变形，十字交叉梁采用 T 形截面，既能承载，也能防止柱主杆的内缩变形，如图 1-21 所示。

经过反复试验、计算、论证，确定吊脚楼模型方案如图 1-22、图 1-23 所示。

图 1-22　吊脚楼模型方案图

注：图中 1～10 代表构件编号。

图 1-23　吊脚楼模型实物图

1.3 构件详图和整体效果图

1.3.1 构件详图

吊脚楼模型构件形状与截面设计见表 1-1。

吊脚楼模型构件形状与截面设计 表 1-1

构件编号	截面形状及尺寸 （mm）	长度 （mm）	数量	构件示意图
1	9.55 0.55 8.45	640	4	
		230	2	
2	12.55 0.55 11.45	340	2	
3	5.35 0.35 4.65	200	8	
		210	1	
		208	1	
4	10.75 1.65 7.45	213	2	
5	0.55 12	300	2	
6	0.2 7	290	12	
7	0.35 10		4	

构件编号	截面形状及尺寸 （mm）	长度 （mm）	数量	构件示意图
8	0.35 / 7	420	8	
9	0.55 / 30	320	4	
10	0.2 / 18	220	4	

1.3.2 模型尺寸与整体效果图

吊脚楼模型尺寸与整体效果图见图 1-24。

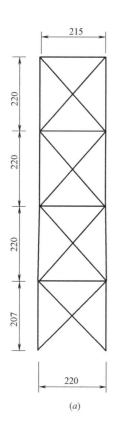

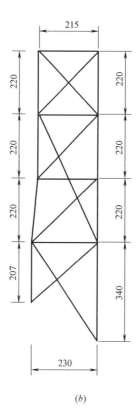

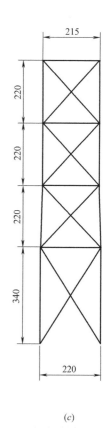

(a)　　　　　　　　　　(b)　　　　　　　　　　(c)

图 1-24 吊脚楼模型尺寸与整体效果图（一）

（a）前视图；（b）右视图；（c）后视图

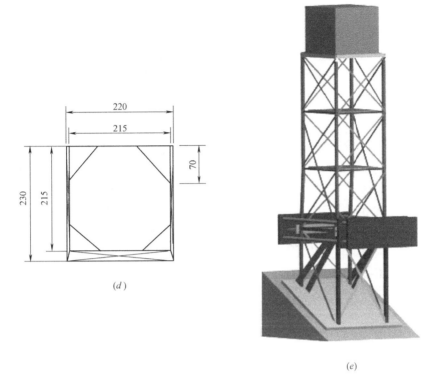

图 1-24 吊脚楼模型尺寸与整体效果图（二）

(d) 俯视图；(e) 整体效果图

1.4 分析与计算

1.4.1 计算说明

理论计算拟采用有限元模拟和简化分析两种方法，有限元模拟相对较精确，通过建立各空间杆件的有限元模型，然后施加撞击力时程荷载进行瞬态分析，可以精确输出每个杆件在每一时刻的内力和应力状况及结点处的响应时程；简化分析方法把结构模型简化为 4 个自由度的集中质量结构体系，利用结构力学中的多自由度结构无阻尼自由振动和受迫振动计算原理进行计算，可以输出每个集中质量处所受的撞击荷载和发生的位移、加速度时程响应。

由于杆件均为空间分布，杆件内力很难用简化分析方法准确计算，因此内力计算采用通用有限元程序 ANSYS 进行。其中所有杆件用 Beam4 空间梁单元模拟，各楼层配重质量块以及加载装置质量均用 Mass21 单元模拟，单元之间均为刚性固结，底部结点为 6 个自由度刚性固结，分别模拟实际模型中 502 胶水和热熔胶连接，计算模型如图 1-25 所示。

1.4.2 恒载分析与计算

根据竞赛规则，一层楼面加载装置质量约为 3kg，二、三层楼面配重约为 2.5kg，屋

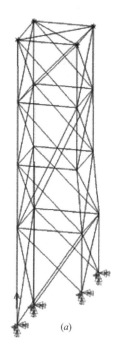 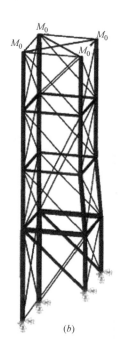

图 1-25 吊脚楼结构有限元模型

(*a*) 单元模型；(*b*) 外观模型

面配重最大加载质量为 50kg。有限元模型中一层楼面质量分为 8 个质量点加在横梁上，二、三层楼面质量也分为 8 个质量点加在横梁上，屋面质量较大，分为 4 个质量点直接加在立柱上。屋面质量按 50kg 计算。模型自重按实际截面和材料密度计算。

1.4.3 撞击荷载分析与计算

撞击加载共分三级，质量球采用直径约 95mm 的铅球，其质量约为 3.524kg，从倾角为 30°的轨道上滑动下落，每级加载取质量球不同的下落高度，分为 400mm、800mm 和 1200mm。

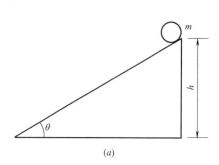 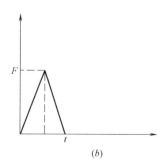

图 1-26 荷载分析示意图

(*a*) 小球滑落；(*b*) 撞击力-时间关系

如图 1-26 (*a*) 所示，假设轨道完全光滑，小球初始速度为零，根据力学原理可以得到每级加载时小球下落到轨道底部的速度 v_1 为：

$$v_1 = at = g\sin\theta \cdot \frac{1}{\sin\theta}\sqrt{\frac{2h}{g}} = \sqrt{2gh} \qquad (1\text{-}4)$$

式中 a——加速度；

　　g——重力加速度；

　　θ——轨道与水平面的夹角；

　　h——下落高度。

假设每级加载时小球撞击结构后的反向速度 v_2 为撞击前速度 v_1 的 1/10，那么根据冲量定理有：

$$F \cdot t = m \cdot \Delta v \qquad (1\text{-}5)$$

式中 F——撞击力峰值；

　　t——撞击时间；

　　m——小球质量；

　　Δv——小球的速度改变量，$\Delta v = v_2 - v_1$。

由试验确定撞击时间，根据公式（1-5）可以得到撞击力峰值的理论值。假定撞击荷载为一三角形荷载，开始时撞击力为零，$t/2$ 时撞击力达到峰值 F，t 时刻撞击力恢复为零，t 时刻以后结构自由振动，如图 1-26（b）所示。不同加载工况下撞击荷载参数见表 1-2。

不同加载工况下撞击荷载参数　　　　　　　　　　　　　　　表 1-2

加载工况	撞击前小球速度 v_1 (m/s)	撞击后小球速度 v_2 (m/s)	撞击时间 t (s)	撞击力峰值 F (N)
第一级加载	2.800	−0.280	0.0018	6030.0
第二级加载	3.960	−0.396	0.0020	7674.9
第三级加载	4.850	−0.485	0.0016	11749.7

结构自由振动时由于受到结构黏滞阻尼、边界摩擦阻尼等会发生振动衰减，Rayleigh 阻尼是一个广泛应用的正交阻尼模型，假设阻尼矩阵 C 为质量矩阵 M 和刚度矩阵 K 的线形组合，其表达式为：

$$C = \alpha M + \beta K \qquad (1\text{-}6)$$

如果从振型阻尼曲线上取两个代表振型的阻尼比，可以求得 Rayleigh 阻尼常数分别为：

$$\begin{cases} \alpha = \dfrac{2\omega_1\omega_2(\xi_1\omega_2 - \xi_2\omega_1)}{\omega_2^2 - \omega_1^2} \\[3mm] \beta = \dfrac{2(\xi_2\omega_2 - \xi_1\omega_1)}{\omega_2^2 - \omega_1^2} \end{cases} \qquad (1\text{-}7)$$

式中 α、β——分别为 Rayleigh 阻尼常数；

　　ω_1、ω_2——分别为两个参考振型的圆频率；

　　ξ_1、ξ_2——分别为两个参考振型的阻尼比。

这里选取第一阶模态和第五阶模态的阻尼比作为参考进行计算，$\omega_1 = 2 \times \pi \times f_1 = 2 \times$

$\pi \times 2.779 = 17.458$，$\omega_2 = 2 \times \pi \times f_2 = 2 \times \pi \times 17.863 = 112.237$。

假定 $\xi_1 = 0.01$，$\xi_2 = 0.005$，由公式（1-7）计算得到 $\alpha = 0.329997$，$\beta = 6.29 \times 10^{-5}$。

第一级加载最大加速度计算值为 $4.4645 \times 10^6 \, \text{mm/s}^2 = 4464.5 \text{m/s}^2$，实测值为 4880.0m/s^2；第二级加载最大加速度计算值为 $6.3828 \times 10^6 \, \text{mm/s}^2 = 6382.8 \text{m/s}^2$，实测值为 6136.6m/s^2；第三级加载最大加速度计算值为 $1.00902 \times 10^7 \, \text{mm/s}^2 = 10090.2 \text{m/s}^2$，实测值为 9660.8m/s^2。加速度计算值与实测值均接近，误差在 5% 左右。加速度实测值与计算值分别见图 1-27 和图 1-28。

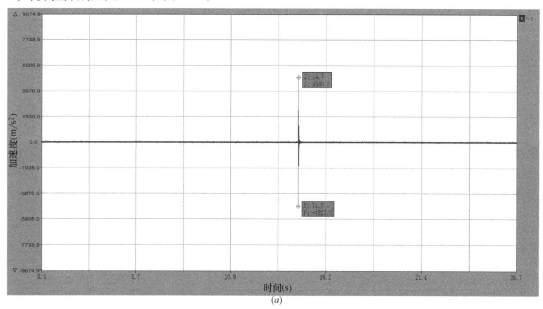

（a）

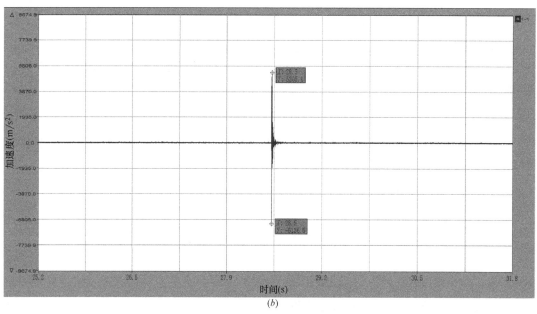

（b）

图 1-27　一层楼面处加速度实测值（一）

（a）第一级加载；（b）第二级加载

14

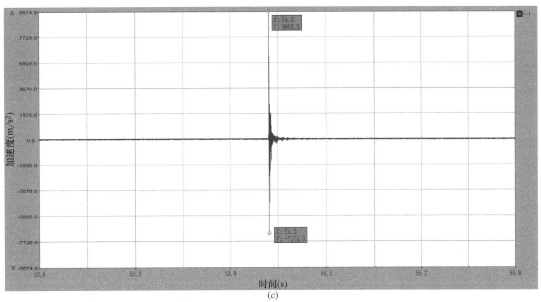

图 1-27　一层楼面处加速度实测值（续）

（c）第三级加载

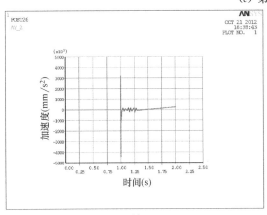

（a）

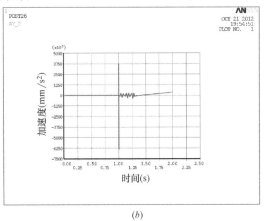

（b）

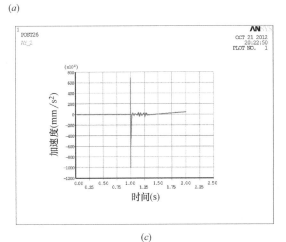

（c）

图 1-28　一层楼面处加速度计算值

（a）第一级加载；（b）第二级加载；（c）第三级加载

1.5 结构内力计算

利用 ANSYS 通用有限元程序计算了结构在恒载与各级加载作用下的立柱、横梁和拉片的内力时程曲线。恒载、一级荷载、二级荷载、三级荷载下撞击力最大时刻结构与主要构件的内力图如图 1-29～图 1-35 所示，由此得到的重要杆件不利内力见表 1-3。

1.5.1 恒载内力计算结果

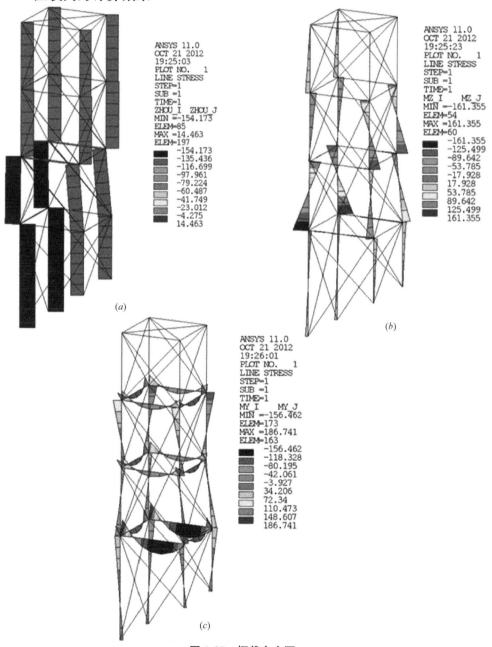

图 1-29　恒载内力图

(a) 轴力（N）；(b) 立柱弯矩（N·mm）；(c) 横梁弯矩（N·mm）

1.5.2 第一级加载内力计算结果

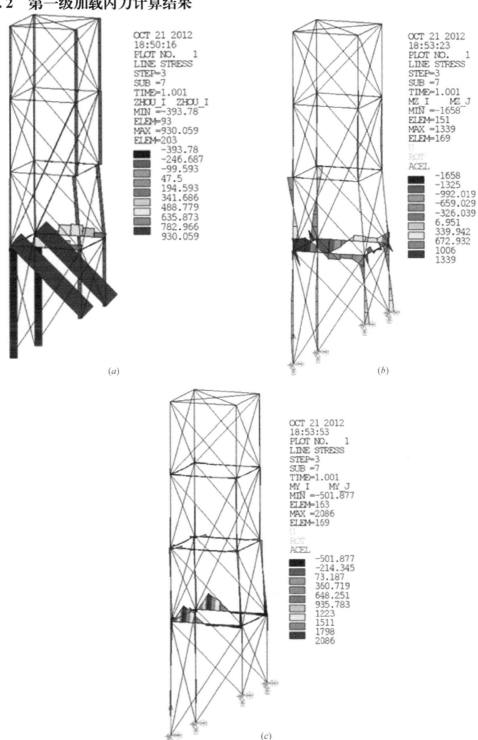

图 1-30 第一级加载撞击力最大时刻结构内力图

(a) 轴力（N）；(b) 立柱弯矩（N·mm）；(c) 横梁弯矩（N·mm）

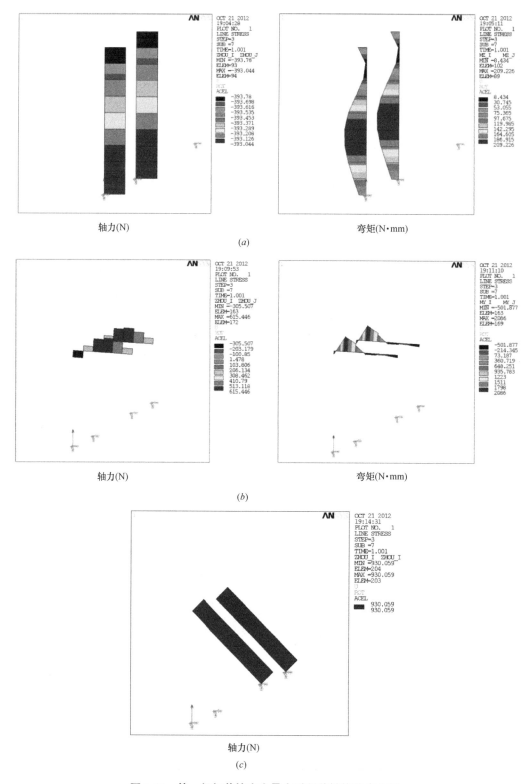

轴力(N)　　　　　　　　弯矩(N·mm)

(a)

轴力(N)　　　　　　　　弯矩(N·mm)

(b)

轴力(N)

(c)

图 1-31　第一级加载撞击力最大时刻关键构件内力图

(a) 立柱；(b) 横梁；(c) 拉片

1.5.3 第二级加载内力计算结果

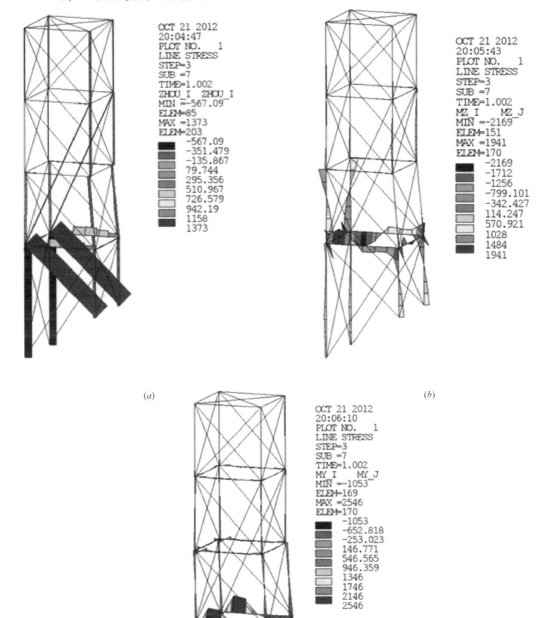

(a)

(b)

(c)

图 1-32 第二级加载撞击力最大时刻结构内力图

(a) 轴力（N）；(b) 立柱弯矩（N·mm）；(c) 横梁弯矩（N·mm）

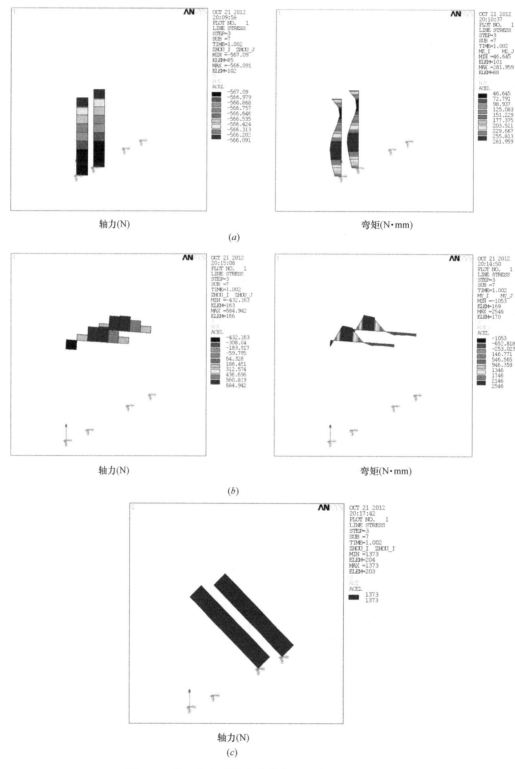

轴力(N) 弯矩(N·mm)

(a)

轴力(N) 弯矩(N·mm)

(b)

轴力(N)

(c)

图 1-33 第二级加载撞击力最大时刻关键构件内力图

(a) 立柱;(b) 横梁;(c) 拉片

1.5.4 第三级加载内力计算结果

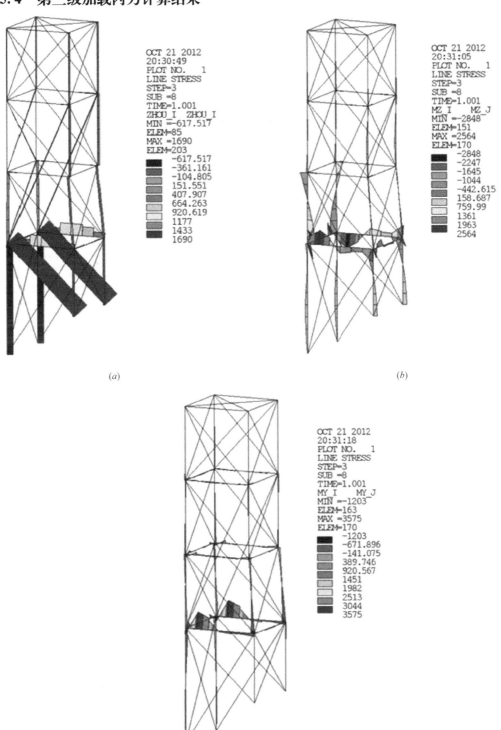

(a)

(b)

(c)

图 1-34 第三级加载撞击力最大时刻结构内力图

(a) 轴力（N）；(b) 立柱弯矩（N·mm）；(c) 横梁弯矩（N·mm）

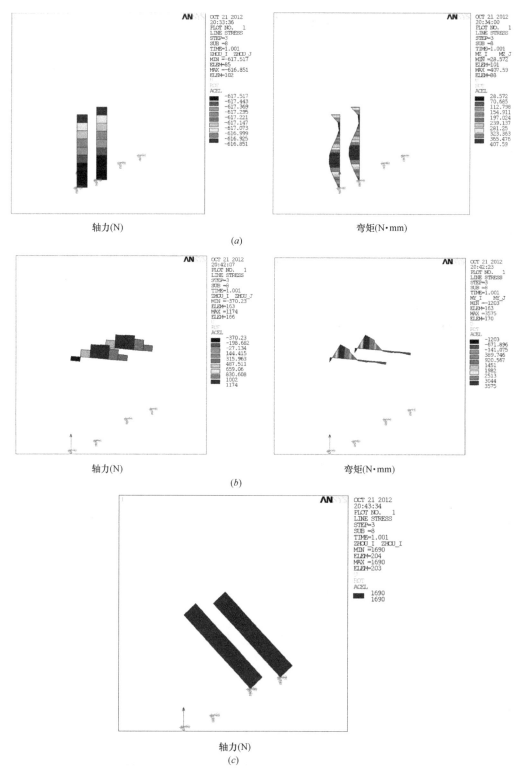

轴力(N) 弯矩(N·mm)

(a)

轴力(N) 弯矩(N·mm)

(b)

轴力(N)

(c)

图1-35 第三级加载撞击力最大时刻关键构件内力图

(a) 立柱；(b) 横梁；(c) 拉片

加载工况	柱底弯矩 (N·mm)	柱顶弯矩 (N·mm)	柱轴力 (N)	梁左弯矩 (N·mm)	梁右弯矩 (N·mm)	梁轴力 (N)	拉杆轴力 (N)
第一级加载	67.91	85.49	−393.78	−501.88	−328.91	−305.51	930.06
第二级加载	163.31	249.21	−567.09	−1053.00	−393.78	−432.16	1373.00
第三级加载	35.13	340.73	−617.52	−1203.00	−564.47	−370.23	1690.00
恒载	27.64	−25.44	−154.17	186.74	−35.13	1.11	0.00
第一级加载 组合值	95.55	60.05	−547.95	−315.14	−364.04	−304.40	930.06
第二级加载 组合值	190.95	223.77	−721.26	−866.26	−428.91	−431.05	1373.00
第三级加载 组合值	62.77	315.29	−771.69	−1016.26	−599.60	−369.12	1690.00

1.5.5　构件应力验算

压弯构件平面内稳定验算：

$$\frac{N}{\varphi_x A}+\frac{\beta_{mx}M_x}{\gamma_x W_{x1}\left(1-0.8\frac{N}{N'_{Ex}}\right)}\leqslant f_d \tag{1-8}$$

压弯构件平面外稳定验算：

$$\frac{N}{\varphi_y A}+\eta\frac{\beta_{tx}M_x}{\varphi_b W_x f_y}=1 \tag{1-9}$$

受拉构件：

$$\sigma=\frac{N}{A_n}\leqslant f_d \tag{1-10}$$

按照上述计算理论计算得到的立柱、横梁和拉片应力如表 1-4 所示。

加载工况	柱面内应力	柱面外应力	梁面内应力	梁面外应力	拉片应力
第一级加载	22.50	22.00	5.85	5.41	21.14
第二级加载	31.10	29.64	9.82	8.74	31.20
第三级加载	34.43	32.24	9.56	8.32	38.41

经验算，第一级至第三级加载下柱面内应力、柱面外应力、梁面内应力、梁面外应力和拉片应力均满足要求。

1.6　极限承载力估算

参照前述计算假设和理论，比较各级加载时的撞击时间和撞击力大小，以压杆的稳定应力和拉片的受拉应力作为结构破坏的控制条件。

拉片的受拉强度估算为：

$$T=[\sigma]\cdot A=60\times44=2640\text{N}$$

假设破坏极限状态撞击时间与第三级加载相同，均为 0.0016s，拉片拉力与撞击力成正比，根据第三级加载组合的计算结果可以推算出撞击力峰值为：

$$F=11749.7\times\frac{2640}{1690}=18354.56\text{N}$$

已知撞击力峰值、撞击时间、小球质量，同样假设小球下落撞击后返回速度为撞击前速度的 1/10，速度方向相反，可以反推出撞击速度改变量为：

$$\Delta v=\frac{F\cdot\Delta t}{m}=\frac{18354.56\times0.0016}{3.524}=8.3335\text{m/s}$$

撞击前速度为：

$$v=\frac{\Delta v}{1.1}=\frac{8.3335}{1.1}=7.5759\text{m/s}$$

小球下落高度为：

$$h=\frac{v^2}{2g}=\frac{7.5759^2}{2\times9.81}=2.925\text{m/s}$$

按小球下落高度为 3m 计算。

破坏极限状态下撞击荷载参数见表1-5。

破坏极限状态下撞击荷载参数　　　　　　　　　　　　表 1-5

加载工况	撞击前小球速度 v_1 （m/s）	撞击后小球速度 v_2 （m/s）	撞击时间 t （s）	撞击力峰值 F （N）
破坏极限状态	7.668	−0.7668	0.0016	18577.93

同样，利用 ANSYS 通用有限元程序计算了结构在破坏极限状态下的立柱、横梁和拉片的内力时程曲线。其中撞击力最大时刻结构与主要构件的内力图见图 1-36、图 1-37，由此得到的重要杆件不利内力见表 1-6。

破坏极限状态下重要杆件最不利内力　　　　　　　　表 1-6

加载工况	柱底弯矩 （N·mm）	柱顶弯矩 （N·mm）	柱轴力 （N）	梁左弯矩 （N·mm）	梁右弯矩 （N·mm）	梁轴力 （N）	拉杆轴力 （N）
破坏极限状态	4.29	543.02	−894.03	−2008.00	−855.84	−610.10	2697.00
恒载	27.64	−25.44	−154.17	186.74	−35.13	1.11	0.00
破坏极限状态组合值	31.93	517.58	−1048.20	−1821.26	−890.97	−608.99	2697.00

按照上述计算理论计算得到的破坏极限状态下立柱、横梁和拉片应力如表 1-7 所示。

破坏极限状态下重要杆件应力验算（MPa）　　　　　　表 1-7

加载工况	柱面内应力	柱面外应力	梁面内应力	梁面外应力	拉片应力
破坏极限状态	49.46	44.42	16.55	14.16	61.30

经验算，破坏极限状态下柱面内应力、柱面外应力、梁面内应力和梁面外应力均满足要求。

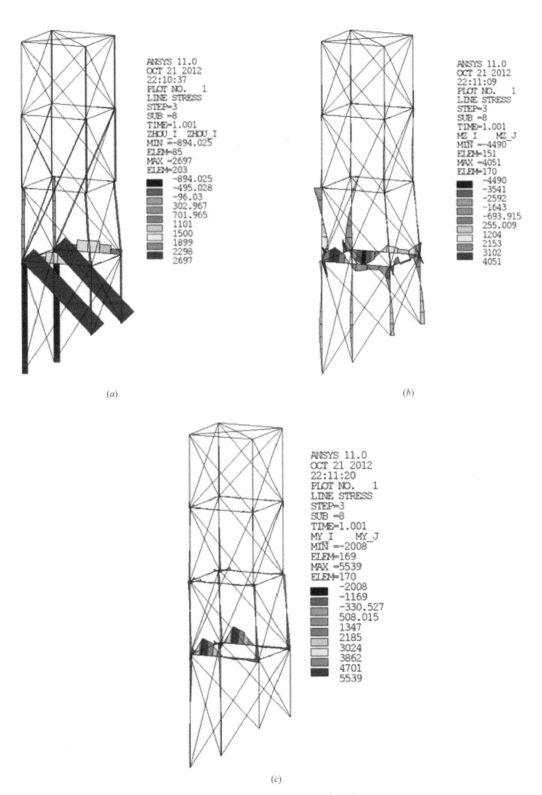

图 1-36 破坏极限状态撞击力最大时刻结构内力图

(a) 轴力（N）；(b) 立柱弯矩（N·mm）；(c) 横梁弯矩（N·mm）

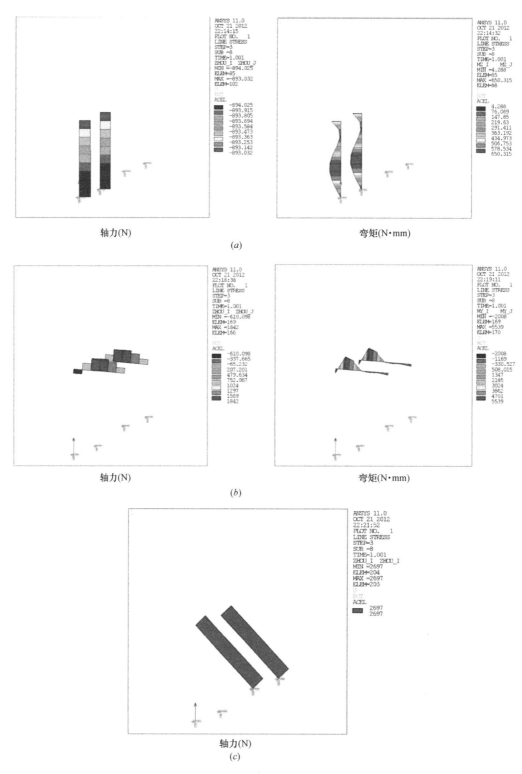

轴力(N) 弯矩(N·mm)

(a)

轴力(N) 弯矩(N·mm)

(b)

轴力(N)

(c)

图 1-37 破坏极限状态撞击力最大时刻关键构件内力图

(a) 立柱；(b) 横梁；(c) 拉片

拉片应力：

$$\sigma = \frac{T}{A} = \frac{2697.00}{44.00} = 61.295\text{MPa} \approx 60.0\text{MPa}$$

拉片达到极限强度。

因此对于本次试验，结构模型的极限荷载为小球下落高度 3.0m，对应撞击力约为 18577.93N。

第 2 章 高跷模型设计制作与分析

2.1 模型设计制作背景

踩高跷是我国一项群众喜闻乐见、流行甚广的传统民间活动。早在春秋时期高跷就已经出现，汉魏六朝百红中高跷称为"跷技"，宋代叫"踏桥"，清代以来称为"高跷"。高跷分高跷、中跷和跑跷三种，最高者一丈多。高跷表演者不但以长木缚于足行走，还能跳跃和舞剑，形式多样。

第七届全国大学生结构设计竞赛以高跷模型制作为题目，通过由学生自行设计和制作竹结构高跷，提高学生对结构的设计和分析计算能力，发展团队协作和竞争意识。高跷所承受的荷载与高跷的结构形式和运动方式密切相关，本次赛题的荷载并非事先确定的固定值或指定的荷载形式，而是在模型制作完成后各参赛队推选一名选手穿着由本队制作的竹高跷进行加载测试。

模型整体包括竹高跷模型和踏板两个部分。踏板固定在竹高跷模型顶面上，将来自参赛选手的荷载通过踏板 A、B、C 三处实木条传递至模型。踏板由组委会提供。竹高跷模型由参赛队使用组委会提供的材料及工具，在规定的时间、地点内制作完成，其具体要求如下：

(1) 模型采用竹材料制作，具体结构形式不限。

(2) 制作完成后的高跷结构模型外围长度为（400±5）mm，宽度为（150±5）mm，高度为（265±5）mm；模型结构物应在图 2-1 所示的阴影部分之内。

(3) 模型底面尺寸不得超过 200mm×150mm 的矩形平面。

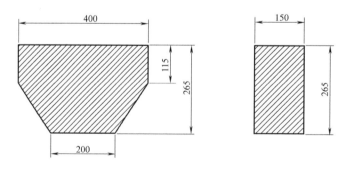

图 2-1 模型结构区域图

踏板结构及尺寸如图 2-2 所示。踏板结构的面板为中密度板，面板上固定有 A、B、C 三根实木条，通过热熔胶与竹高跷模型固定。参赛选手用热熔胶将参赛鞋固定于踏板上，踏板上设有 4 个直径为 15mm 的通孔供穿绕系带，以进一步固定参赛鞋。

踏板与竹高跷模型固定后的模型整体高度应为（300±5）mm。如图2-3所示。在踏板与模型连接处的外侧（图2-3中的 a、b 处）允许增加构造物以进一步提高连接强度，构造物的高度不得超过10mm。

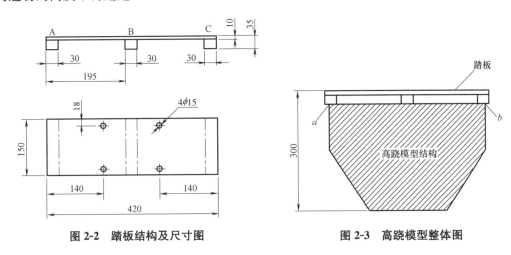

图2-2 踏板结构及尺寸图   图2-3 高跷模型整体图

2.2 设计方案选择

2.2.1 关键问题分析

本次竞赛模型的加载分为静加载和动加载两部分，静加载的荷载值为参赛选手的总质量，以模型荷重比来体现模型结构的合理性和材料的利用效率；动加载通过参赛选手进行绕标竞速来判断模型的承载能力，因此模型所受到的冲击荷载的大小、方向甚至荷载作用点都取决于参赛选手的质量、运动方式和模型的结构形式，对参赛队员的力学分析能力、结构设计和计算能力、现场制作能力等提出了更高的挑战。静加载与动加载评分标准分别为：

静加载共40分，由模型荷重比决定得分高低，在所有成功完成静加载的参赛队中，模型荷重比最大的参赛队得40分，其余队的得分 S_1 按下列公式计算：

$$Q=\frac{1}{50}\left(\frac{选手总质量}{模型质量}-1\right) \tag{2-1}$$

$$S_1=\frac{Q}{Q_{max}}\times40 \tag{2-2}$$

式中 Q_{max}——所有成功完成静加载参赛队模型的最大荷重比；

  Q——所考察模型的荷重比。

绕标竞速测试共35分，在成功完成绕标竞速的参赛队中，各队的得分 S_2 按下式计算：

$$S_2=\frac{t_{min}}{t}\times35 \tag{2-3}$$

式中 t_{min}——所有成功完成绕标竞速的参赛队所用的最短时间（s）；

  t——所考察参赛队绕标竞速所用时间（s）。

从加载评分标准可以看出，模型设计的关键：一是要选择合理的结构体系以便承受选手自重，同时具备良好的抗冲击能力；二是执行绕标竞速的选手具备良好的灵活度，能与模型融为一体，以较短的时间完成绕标竞速过程。

2.2.2 总体思路

模型主要承受较大的竖向动荷载，对结构刚度以及强度要求较高，设计的主要思路是希望利用四根主要杆件来承受选手在快速步行过程中对下部高跷结构所产生的动荷载。同时利用八根次要杆件来控制主要杆件的长细比以避免失稳破坏。

设计的总原则是：安全——保证在静、动荷载作用下结构都不破坏；简单——制作简便，构件少而精，做到最简工艺与最高实用性能并存；经济——争取用最少的材料发挥最大的性能；美观——结构从整体造型到细部构造都力求美观大方。

2.2.3 结构选型

在静荷载作用下，高跷结构主要承受轴力以及一定的弯矩与剪力；在动荷载作用下，结构承受冲击作用。通过试验与分析，主体结构选择框架形式，其中每个平面均设计成三角形，以提高结构的稳定性；同时设置拉索，最大程度分担主体结构所承受的荷载。鉴于空心正方形截面杆件制作简单、连接方便，同时具有较大的回转半径，主要构件采用空心正方形截面。

2.2.4 方案比较

在初期设计中，由于对赛题所涉及知识的认识还存在一定的局限性，因此设计方案普遍偏于保守，倾向于制作刚度及强度较大的框架结构来抵抗人体所产生的荷载作用，主要考虑结构承受静荷载，并未充分考虑动荷载作用，制作的结构质量较大。后期在不断试验与优化的基础上，确定了模型的定型方案。

图 2-4 方案 A 实物图（高跷模型）

（1）设计方案 A

在该设计方案中，首先考虑强度和刚度较大的传统框架结构，由 8 根刚性的箱型杆件组装而成的"W"形以及两根横梁构成，左右辅以横杆控制左右方向上的稳定性。如图 2-4 所示。杆件交点采用贯穿的做法，节点处用 502 胶水及竹粉粘结固定，避免在节点处发生由于构件错动而导致的应力集中破坏。在模型的制作过程中所有构件截面均为矩形，节点拼接方便、简单、牢固，易于满足有效面积限制条件。该方案模型质量约为 70g（不包括踏板质量，下同）。

存在的问题：这种结构的主要缺陷在于质量较大，材料利用效率低。需使用大量的斜撑杆以防止结构整体失稳，从而导致主要承重构件所用材料在材料总用量中所占比例过小，为使结构承受规定荷载需使用较多的原材料。

（2）设计方案 B

在该设计方案中，考虑采用双柱式拉索结构，如图 2-5 所示。此处的双柱形式是经过多次抗压破坏试验确定的。只需要两根矩形截面柱就可承受测试人员的体重。其具有以下优点：相对于方案 A 中的框架结构而言，双柱式结构考虑充分利用竹皮的抗拉性能，更好地利用了材料的自然特性；材料用量（尤其是支撑结构用料量）相对减少，从而减轻结构总质量。同时，由于立柱刚度较大，可以减少斜撑杆件数量，从而进一步减轻结构质量。该方案模型质量约为 45g。

图 2-5　方案 B 实物图（高跷模型）

存在的问题：该结构与地面为一横杆接触，容易发生结构底部与地面接触点之间的脆性破坏；另外，由于主要承重杆件在同一平面上，承受动荷载时拉索很难控制结构左右方向上的位移，结构抗扭刚度不足，常因多次扭动造成主体结构与踏板中间横梁处的节点断裂，导致结构坍塌。

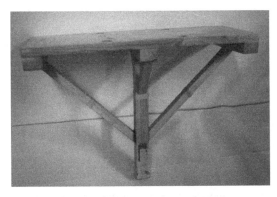

图 2-6　方案 C 实物图（高跷模型）

（3）设计方案 C

该方案采用单柱辅以斜撑杆形式（见图 2-6），为了使中间主体柱能承受足够大的荷载，需加大其横截面面积。与方案 B 相比，模型 4 根高强度斜杆能防止结构左右和前后失稳。

存在问题：借助选手的平衡能力，可以承受选手的自重静荷载，但在绕标竞速环节的动荷载作用下，常在地面接触点附近形成脆性破坏，底部加固又加大了结构的整体质量，降低了材料的利用率。该方案模型质量约为 60g，虽然工艺简单、制作便捷，但是质量上较方案 A 和方案 B 无明显优势。

（4）设计方案 D

在方案 C 的基础上，适当增加杆件数量，尤其是斜撑的数量，通过更合理的结构形式来抵抗动荷载。由于前述各类型构件的优点，拉索结构依旧保留。为优化结构，将各杆件外部缠以厚度为 0.2mm 的竹皮，中间增加部分横杆，以减小主体杆件的长细比。鉴于底部接触面积较小，加设横撑、斜撑来增强结构强度。如图 2-7 所示。

图 2-7　方案 D 实物图（高跷模型）

存在的问题：经过试验，该模型在动荷载作用下变形适度，但在绕标竞速过程中易发生斜撑折断破坏。该方案模型质量约为 53g。

图2-8 方案E（最终定型方案）实物图（高跷模型）

（5）设计方案E

鉴于方案A、方案B、方案C、方案D均存在不同程度的问题，通过不断试验和优化分析，最终采用的设计方案如图2-8所示，并将其作为最终定型方案。与方案D相比，将整个框架结构缩减至横梁一侧，通过人的平衡能力保持结构的稳定，这样模型杆件的数量大大减少，质量降低；用横杆代替斜撑，以减小主要杆件的长细比，提高模型的稳定承载力；采用前后拉索控制结构在动荷载作用下的变形。经过以上优化，该方案模型质量仅为 37.6g。

2.2.5 定型方案特色

（1）主体结构为空间四面体结构，可保证结构整体的稳定性。主体结构内部由8根横杆支撑，可以减小主要杆件的长细比，有效地防止主体杆件的失稳。

（2）将四面"V"形结构作为主体结构，两个节点连在相邻的踏板横梁上，形成单跨结构，从结构形式上节约了材料用量，提高了材料利用率。

（3）鉴于人在奔跑或行走时着力点个数变化对行进速度的影响，采用双节点共线接触方式，尽可能减小结构与地面的接触面积，从而缩短接触时间，提高行进速度。

（4）主体结构的上、下端部做加强处理，可以在有效承载和传递冲击荷载的同时发挥一定的缓冲作用。

（5）主体杆件上用 0.2mm 厚的竹片缠绕形成环箍结构，当主体杆件受到轴力作用时，这种组合式结构增加了杆件的承载能力。

（6）采用拉索结构，限制结构左右方向位移，充分发挥了材料的性能且减轻了结构的整体质量。

（7）节点处理采用竹粉与502胶水缓和粘结，有效地处理了杆件之间的空隙，减少了应力集中的影响，增加了节点连接强度。

2.3 模型制作过程

2.3.1 主要构件截面形式

主体采用高 265mm、下边长 100mm、上边长 200mm 的空间四面体结构，四条棱为主要构件，都是长 280mm、壁厚 0.5mm 的箱式大粗杆；内部次要杆件为箱式小细杆，次要杆件内部布置构造小片，以增强杆件刚度；不同规格（分为单层、双层）的拉片作为结构的辅助拉索，可最大限度地发挥竹皮材料的抗拉性能，提高结构的承载能力。

2.3.2 节点处理方式

（1）上、下"人字"节点用以减小主体结构与外部接触点的面积，通过对节点进行局部加强，使结构不会因为接触不完全而发生局部破坏。

（2）横杆与主体结构的节点上混以502胶水及适量竹粉，以增加构件间的粘结面积，提高节点的粘结强度。

（3）踏板与主体结构的连接先加一定量的竹粉，以增加粘结点的刚度，同时也起到预固定的作用，再根据赛程要求用热熔胶将踏板与主体结构粘结，保证了粘结点的粘结强度。

（4）拉片与结构的连接首先在结构上粘上一定的竹片团，使拉片绕过它后与结构的下底面粘结在一起，防止拉片在绕过节点时断裂；再在拉片上粘上几个薄片，增强粘结力，同时又能增大与地面接触点的刚度。

（5）拉片与踏板的连接拉片承担了主体结构所受的大部分水平力，并把水平力转化为拉片的轴向拉力，是结构的重要部分，在竹粉以及热熔胶的共同加固下，保证了拉片的粘结强度，能充分发挥拉片的抗拉性能。

2.3.3 模型尺寸与整体效果图

高跷模型尺寸与整体效果图见图2-9。

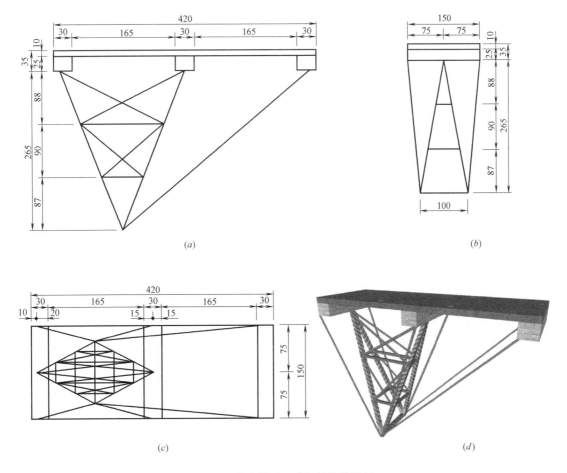

图2-9 高跷模型尺寸与整体效果图

（a）主视图；（b）左视图；（c）俯视图；（d）整体效果图

2.3.4 部分构件详图

（1）主体杆件

主体杆件采用箱型截面（见图 2-10），杆件长度为 280mm，为提高杆件的刚度和局部稳定承载力，内部按照 20mm、25mm、35mm、35mm、35mm、35mm、35mm、25mm、20mm、15mm 的间距布置厚度为 0.5mm、横截面尺寸为 7.5mm×7.5mm 的加劲小片（见图 2-11），外部以 5mm 的间距缠绕厚度为 0.2mm 的竹片以增加环向约束力，防止杆件爆裂。

图 2-10 主体杆件实物图　　　　图 2-11 主体杆件内部构造详图

主体杆件横截面尺寸及壁厚通过多次抗压试验确定，试验结果如表 2-1 所示。

不同规格杆件抗压试验结果　　　　表 2-1

杆件编号	横截面尺寸(mm)	壁厚(mm)	是否布置小片	质量(g)	抗压极限荷载(kN)
1	10×10	0.5	是	3.8	0.14
2	10×10	0.5	否	3.7	0.10
3	10×10	0.5×2	是	8.4	0.90
4	8×8	0.5	是	3.2	0.12
5	10×10	0.35	是	2.9	0.14
6	10×10	0.35×2	是	6.5	0.62
7	10×10	0.35×3	是	8.5	0.96

综合考虑各种因素，决定采用抗压极限荷载与质量之比的最大值作为杆件截面及壁厚选择的依据，由此确定的主体杆件截面规格为：横截面尺寸为 8mm×8mm，壁厚为 0.5mm，内部布置加劲小片。

（2）拉索

拉索是控制主体受力框架在绕标竞速行走过程中发生前后位移的重要单元，对结构安全起重要作用。拉索横截面宽度、厚度通过多次抗拉试验确定，试验结果如表 2-2 所示。经过多次试验综合比较分析，决定拉索截面由双层 0.35mm 厚的竹片叠制而成。

不同规格拉索抗拉承载力试验结果　　　　表 2-2

拉片编号	横截面宽度(mm)	厚度(mm)	抗拉极限荷载(kN)
1	5	0.5	110
2	5	0.3	59
3	5	0.2	18
4	8	0.35	148
5	5	0.2×2	163
6	10	0.5×2	401
7	10	0.5	121
8	5	0.35×2	237

(3)"人字"节点

"人字"节点为本设计方案的一大创意点，整个主体结构中上端部和下端部采用的都是此类连接方式。图 2-12 为单根杆件至四根杆件组合后的样式图，每两根杆件拼接处外贴厚度为 0.5mm 的竹片环绕保护层，保证快速行走时杆件不分离。同时，节点端部与下部箱型横杆平齐，使其在频繁的冲击荷载作用下不至于发生脆性破坏。

2.3.5 模型加工图与材料表

图 2-13 为高跷模型示意图与构件编号。表 2-3 给出了杆件与拉索采用的三种主要截面规格、截面尺寸、加工示意图。

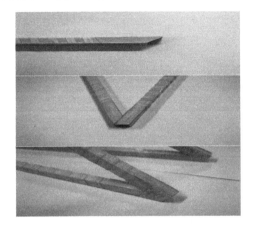

图 2-12 "人字"节点构造详图

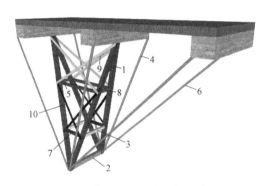

图 2-13 高跷模型示意图与构件编号

高跷模型主要构件加工图　　　　　　　　　　　　　表 2-3

截面规格	截面形状及尺寸(mm)	加工示意图
D8-8	8 × 8	
D5-5	5 × 5	
D5	5	

模型材料为竞赛组委会提供的竹皮，表 2-4 为竹材规格表。表 2-5 为构件材料表。

高跷模型竹材规格表 表 2-4

竹材编号	竹材规格(mm)	竹材名称
①	1250×430×0.50	本色侧压双层复压竹皮
②	1250×430×0.35	本色侧压双层复压竹皮
③	1250×430×0.20	本色侧压单层复压竹皮

高跷模型构件材料表 表 2-5

构件编号	截面规格	构件长度(mm)	构件数量	材料类型
1	D8-8(含小片)	280	4	①+③
2	D8-8(无小片)	100	1	①+②
3	D5-5	60	2	②
4	D5	280	4	②
5	D5-5	105	2	②
6	D5	400	2	②
7	D5-5	45	2	②
8	D5-5	30	2	②
9	D5	180	4	②
10	D5	130	4	②

2.4 结构受力分析

2.4.1 计算模型

根据模型的几何尺寸和空间位置，基于 ANSYS 的 APDL 命令流建立其物理模型，如图 2-14 所示。模型的踏板采用空间体建模，主要杆件、次要杆件和拉索均采用空间线建模。

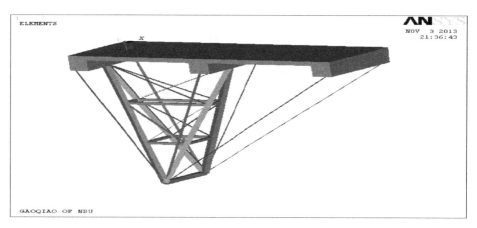

图 2-14 高跷结构物理模型

在物理模型的基础上，指定各构件的单元属性、实常数和截面特性，并划分网格，建立有限元模型（见图 2-15）。其中，踏板以三维实体单元（SOLID45）模拟，主要杆件和次要杆件以空腹梁单元（BEAM188，SECTYPE＝HREC）模拟，拉索和缀条以实腹梁单元（BEAM188，SECTYPE＝RECT）模拟。杆件之间的节点按刚节点计算，与横梁连接端为固定支座。竹材弹性模量为 $1.0×10^4$ MPa，抗拉强度为 60MPa；密度取 $1.49g/cm^3$。

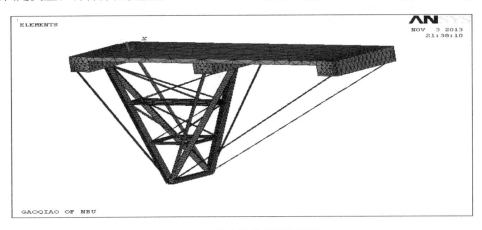

图 2-15　高跷结构有限元模型

2.4.2　荷载分析

静载：执行绕标竞速环节的参赛选手体重 $m＝62.5$kg，故静载 $G＝62.5×9.8＝612.5$N，以均布荷载形式施加。

动载：经测算，在跑步落地过程中高跷底部与地面的接触时间 $t＝0.2$s，单脚落地时的速度 $v＝5$m/s，根据冲量定律 $Ft＝mv$，得平均作用力 $F＝1562.5$N。假设 F 是线性变化的，并将此动荷载等效为一个如图 2-16 所示的折线型荷载施加，计算时长取 1.5s，结构阻尼比取 0.03。

计算工况：执行绕标竞速环节的参赛选手脚底与高跷踏板接触良好，故荷载可按均布荷载的形式

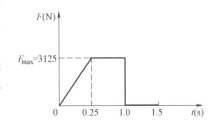

图 2-16　动荷载作用形式

施加于踏板面。鉴于在行走或跑步过程中，高跷底部两个支点可能同时着地，也可能单个支点着地，所以计算中考虑两个工况，即：

工况 1：两个支点同时着地，两个支点各方向自由度均受到有效约束；

工况 2：单个支点着地，着地支点各方向自由度受到约束，未着地支点处于自由状态。

2.4.3　计算结果与分析

1. 静载作用

（1）静载工况 1：荷载分布及位移边界条件如图 2-17 所示。静载以均布荷载的形式作用于整个踏板面，结构与地面接触点（2 个）的三个线位移自由度均受到约束，踏板左侧的水平位移受到约束，主体结构与踏板的连接点为刚性节点。

图 2-18、图 2-19 分别给出了静载工况 1 下，结构位移及等效应力分布情况。从图中可以看出：该工况下，结构中部顶端的位移较大，位移最大值为 1.13mm；拉索和中间主

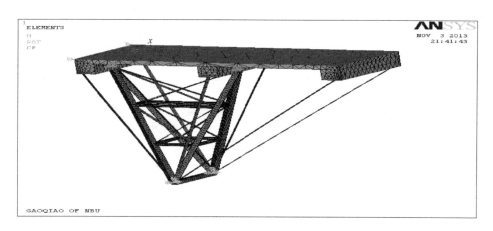

图 2-17 静载工况 1 荷载分布及位移边界条件

要杆件受力最为不利，其中拉索最大等效应力达 20.9MPa，中间支撑主杆的等效应力达 16.3MPa。

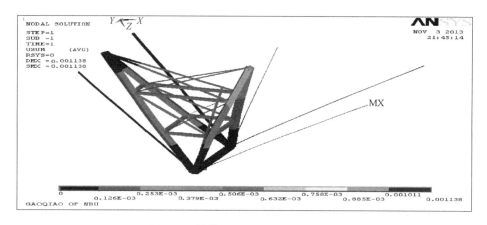

图 2-18 静载工况 1 结构位移图（m）

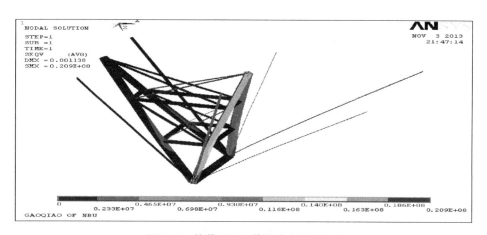

图 2-19 静载工况 1 等效应力图（Pa）

（2）静载工况 2：荷载分布及位移边界条件如图 2-20 所示。静载以均布荷载的形式作用于整个踏板面，结构与地面接触点（1 个）的三个线位移自由度均受到约束，踏板左侧的水平位移受到约束，主体结构与踏板的连接点为刚性节点。

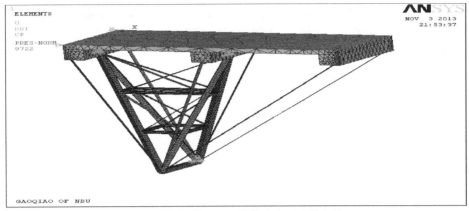

图 2-20　静载工况 2 荷载分布及边界条件

图 2-21、图 2-22 分别给出了静载工况 2 下，结构位移及等效应力分布情况。从图中可以看出：该工况下，结构顶端的位移较大，位移最大值为 3.2mm；拉索和结构着地侧的主要构件受力最为不利，其中拉索最大等效应力达 49.3MPa，结构着地侧的主要构件最大等效应力达 38.3MPa。

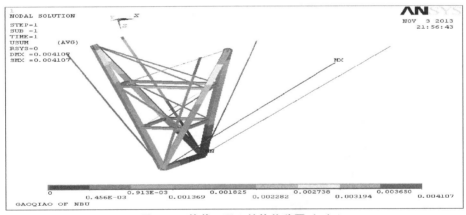

图 2-21　静载工况 2 结构位移图（m）

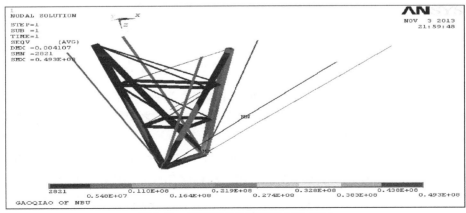

图 2-22　静载工况 2 等效应力图（Pa）

2. 动载作用

选手穿高跷模型进行绕标竞速时，模型承受如图 2-16 所示的行走动荷载作用。

（1）动载工况 1：荷载分布及位移边界条件如图 2-17 所示，由此得到的结构中部顶端节点的竖向位移时程如图 2-23 所示。从图中可以看出，在 0.5～1.0s 之间，位移达到最大值并维持在 1.9mm 左右。

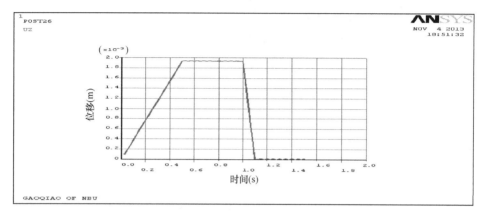

图 2-23　动载工况 1 结构中部顶端节点竖向位移时程

以 $t=1$s（结构内力效应较大时刻）为研究点，此时结构位移和等效应力分布情况分别如图 2-24 和图 2-25 所示。从图中可以看出：结构中部顶端位移较大，位移值达 0.2mm 左右；拉索和前部主杆受力最为不利，拉索最大等效应力达 107MPa，主杆等效应力达 83.6MPa。

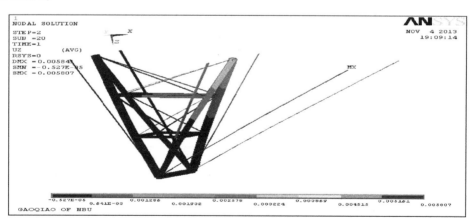

图 2-24　$t=1$s 时刻动载工况 1 结构位移图（m）

（2）动载工况 2：荷载分布及位移边界条件如图 2-20 所示，结构中部顶端节点的竖向位移时程如图 2-26 所示。从图中可以看出，在 0.5～1.0s 之间，位移达到最大值并维持在 6.4mm 左右。

以结构内力效应较大时刻（$t=1$s）为研究点，得到结构位移和等效应力分布情况分别如图 2-27 和图 2-28 所示。从图中可以看出：结构底部着地部位的位移值最大，位移值达 2mm 左右。拉索和前部主杆受力最为不利，拉索最大等效应力达 250MPa，主杆等效应力达 167MPa。

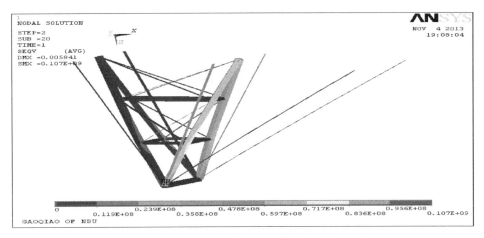

图 2-25　$t=1s$ 时刻动载工况 1 等效应力图（Pa）

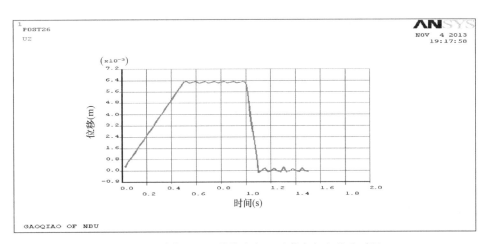

图 2-26　动载工况 2 结构中部顶端节点竖向位移时程

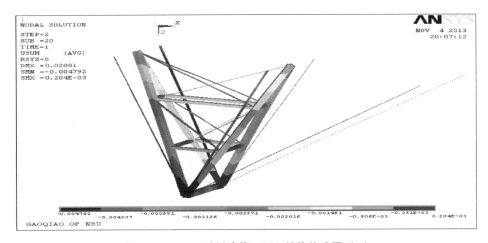

图 2-27　$t=1s$ 时刻动载工况 2 结构位移图（m）

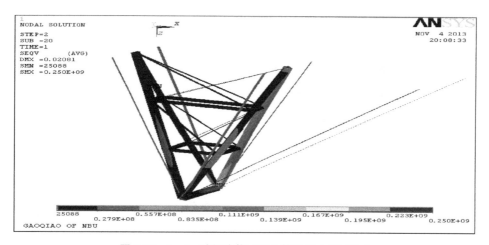

图 2-28 $t = 1s$ 时刻动载工况 2 等效应力图 (Pa)

综上所述,在计算工况下,主体结构的主要杆件和着地点附近区域受力较为不利,各节点附近存在应力突变,易成为破坏发生的起始点。故在反复试验的基础上,需对上述部位进一步补强。

第 3 章　古建筑模型设计制作与分析

3.1　模型设计制作背景

中国的木结构古建筑在世界建筑之林中独树一帜、风格鲜明，具有极高的历史、文化及艺术价值。其中楼阁式古建筑以其优美的造型和精巧的设计闻名于世，已成为中国古建筑的典型象征。据历代营造史料记载，楼与阁原有明显区别，但后来因其均为复层建筑，故通称楼阁，其中比较著名的有武汉黄鹤楼、岳阳岳阳楼、南昌滕王阁、烟台蓬莱阁以及西安钟楼等。我国古代楼阁构架形式多样，屋盖造型丰富。

第八届全国大学生结构设计竞赛为三重檐攒尖顶仿古楼阁设计与制作。该类古建筑的一个现存实例为明代所建的西安钟楼，如图 3-1 所示。基于当前全球已进入巨震期这一工程背景，本次竞赛引入模拟地震作用作为模型的测试条件，这对于众多现存同类古建筑的抗震修缮与补强具有现实的科学价值和工程意义。

竞赛模型采用竹质材料制作，包括一、二、三层构架及一、二层屋檐，其构

图 3-1　西安·钟楼

造示例如图 3-2（a）所示。模型柱脚用热熔胶固定于底板之上，底板用螺栓固定于振动

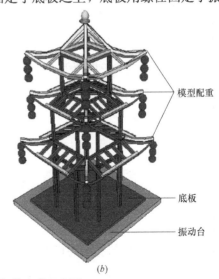

(a)　　　　　　　　　　　*(b)*

图 3-2　竞赛模型及其加载安装示意图

（a）模型构造示例；（b）加载安装形式

台上。模型制作材料、小振动台系统和模型配重由承办方提供，其加载安装形式见图 3-2 (b)。

3.2 设计方案选择

3.2.1 关键问题分析

本次竞赛主要考虑模型的抗震性能，在模拟地震作用加载前，需要安装配重。所加配重为铜条与铜球，铜条截面尺寸均为 13mm×10mm（宽×高），并以宽度为 13mm 的面与结构相粘结；铜球直径为 25mm。第一、二层屋檐配重质量分别为 2.4kg 和 1.8kg，第三层屋盖配重总质量为 4.0kg。一、二层屋檐质量块包括屋檐屋脊曲线段和屋檐檐口直线段两部分。安装在屋檐屋脊曲线段上的配重为下边缘半径 135mm、弧长 180mm 的铜条，下边缘外挑端部在铅直方向固结三个串联在一起的铜球，安装在一、二层屋檐檐口直线段的配重铜条长度分别为 180mm 和 120mm。屋盖配重由屋顶和屋檐两部分组成：屋顶为高 90mm，底面边长 120mm×120mm 的正四棱锥；屋檐屋脊曲线段为下边缘半径 135mm、弧长 130mm 的铜条，屋檐檐口直线段为长度 134mm 的铜条。配重安装的立面位置如图 3-3 所示。

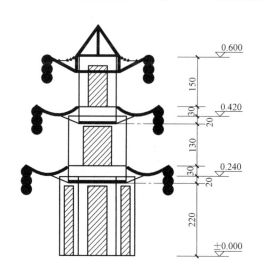

图 3-3 配重安装立面位置

配重安装完成后，采用小型精密振动台系统进行模拟水平地震作用的测试，考察模型的承载力。加载分三级进行，加载时第一层屋檐的屋脊曲线段末端和檐口直线段中点沿铅直方向的下挠度较加配重前不超过 10mm，否则该级加载无效。加载表现满分为 75 分，根据模型在加载环节的效率参数 E_i 综合评定，第 i 参赛组的模型在加载环节的得分 K_i 按如下公式计算：

$$E_i = \frac{100\alpha}{M_2 - M_1} \tag{3-1}$$

$$K_i = \frac{E_i}{E_{\max}} \times 75 \tag{3-2}$$

式中　α——抗震调整系数，通过第一级加载取 0.5，通过第二级加载取 0.75，通过第三级加载取 1.0；第一级加载失效者，α 为 0；

　　　M_1——底板及配重质量；

　　　M_2——包含配重与底板的模型质量；

　　　$E_{\max}$——所有参赛模型中的最高效率参数。

从加载评分标准可以看出，设计的关键问题在于寻求合理的抗震结构体系，使模型在保持轻质的同时，能具有足够的刚度和承载力，不至于在配重和地震荷载的作用下产生过大的挠度和发生结构破坏。

3.2.2 总体思路

中国古建筑结构抗震性能突出的原因，大致可归纳为以下几点：①结构平面规则、对称，各部位、各节点受力相对均衡，不易产生局部应力集中而造成破坏。②建筑结构地基基础处理得当，不易产生因局部地基失稳而引起的建筑结构破坏。③建筑主体结构骨架坚固，布局匀称合理，节点多以联结性能强、消能性好的卯榫联结，结构整体性强、承载力高、抗震性能好。④建筑选材及用材合理恰当，工艺精细。

因此，在结构设计上，按照结构在地震作用下的剪力上小下大的基本分布规律，将模型的平面尺寸依次减小，使结构竖向刚度从上到下均匀增大，使模型外形更接近于竖向弯矩的分布，使各杆件内力分布更均匀。同时借鉴卯榫结构整体性强、抗震性能好的特点，在节点处进行局部加强，起到类似卯榫结构的作用。对柱子进行均匀打磨，使柱子变轻变柔，以减小地震作用。为提高梁的强度，与柱连接的梁内部增加加劲构造。斜向屋檐与屋檐屋脊的竖向受力较大，为避免单点受力，在斜向屋檐下各增加一个支撑，将结构的变形限制在比赛要求的范围内。

3.2.3 方案比较

在初期设计中，由于对赛题所涉及知识的认识还存在一定的局限性，因此设计方案普遍偏于保守，倾向于制作刚度及强度较大的结构来抵抗地震的作用，并未考虑柔性结构的耗能和减震作用，整体结构质量较大，缺乏创意。后期在不断试验与优化的基础上，确定了模型的定型方案。

(1) 设计方案 A

在该设计方案中，一层由 8 根横截面尺寸相同的箱型杆组成一个八边形，二、三层分别由 4 根横截面尺寸相同的箱型杆组成一个四边形。柱的横截面尺寸均为 10mm×10mm，同时对一层的柱采用包杆加强方式，提高杆件的强度与刚度。梁与屋檐屋脊亦采用高强度的箱型杆，为提高结构的整体性，两个斜向屋檐分别与屋檐屋脊和柱交叉连接，组成四杆共点的结构，增强了屋脊的强度和稳定性。为方便屋檐配重的放置，斜向屋檐向下延伸做成平面。由于制作模型的所有构件截面都是规则的正方形，所以其节点易于处理，拼接方便、简单、牢固，能满足赛题规定的有效面积限制条件。该方案模型质量约为 180g。模型实物图如图 3-4 所示。

图3-4 方案A实物图（仿古楼阁模型）

存在的问题：该方案的主要缺点是质量较大，材料利用效率低。模型中所有杆件均采用箱型杆，主要承载构件在总材料用量中所占比例过小，结构在能承受规定荷载的情况下用料过多，质量过大。

图 3-5 方案 B 实物图（仿古楼阁模型）

（2）设计方案 B

相比于方案 A，方案 B 在以下 5 个方面进行了改进：①减少了屋檐的杆件数量，每层保留 8 根斜杆；②屋檐与屋脊之间的连接改用 4mm 宽最薄的竹片连接；③一层柱改为单层箱型杆；④为防止杆件发生开裂，梁、杆外围用竹片缠绕加固；⑤针对梁与柱容易脱开的情况，在梁的制作过程中，竹片两端均向外延伸，将柱子包裹。该方案模型质量约为 160g。模型实物图如图 3-5 所示。

存在的问题：尽管该结构杆件较少，但是由于屋檐屋脊没有了左右两边杆件的支撑作用，在承受荷载的过程中，抗弯能力减弱，左右挠度增大。为了提高结构的抗弯能力，在杆件内部加设了肋片，增加了模型的质量。此外，结构在震动过程中，层与层之间仅有 4 个点连接，容易发生脱开，导致结构整体垮塌。

（3）设计方案 C

相比于方案 A 和方案 B，方案 C 做成消能减震结构。将结构一、二层横梁改为圆柱截面，在赛题允许的范围内，一层上部与二层柱连接的梁下再增设一圈梁，其中上层梁中部预留一个比二层柱略大的洞，柱子能穿过洞口置于下层梁上，地震作用时可以自由摆动，达到消能减震的效果。该方案模型质量约为 150g。模型实物图如图 3-6 所示。

存在的问题：横梁采用圆柱形杆，在制作的过程中由于竹片存在纹理上的缺陷，导致杆件中部容易断折，同时圆柱形梁与箱型柱之间的连接比较困难。另一方面，采用上述消能减震设计后，地震荷载下的位移难以控制，结构产生整体倾覆的风险较大。

图 3-6 方案 C 实物图（仿古楼阁模型）

（4）设计方案 D

根据方案 C 的经验，继续选择柔性耗能结构。选择在柱上开洞，保留梁的完整性，使梁穿插到柱里，形成类似卯榫的结构。主梁内部设加劲短片，提高梁的刚度与承载力。由于层与层之间仅有 4 个连接点，约束较少，常导致层与层之间脱开，因此在斜向屋檐下设置一个支撑，每层多出 8 个约束点，大大提高了结构的稳定性。把屋檐杆件向内适当移动，避免多个杆件同时与柱相交，造成应力集中破坏。将梁由原来的方形杆改为矩形杆，增大梁的高度，提高梁的抗弯能力。该方案模型质量约为 130g。模型实物图如图 3-7 所示。

存在的问题：相对于方案 A、方案 B、方案 C，结构的性能有了较大提高，承载力进一步增强，但对结构整体变形的控制还有待加强，同时与理想的模型质量相比，该方案模型仍然偏重，需进一步优化。

（5）设计方案 E

在方案 D 中，通过制作可微小活动的卯榫节点使结构变柔，达到消能减震的目的，但试验结果表明结构在地震作用下的位移偏大。因此在本方案中，转换思路，将节点做强，把杆件做细做柔，实现"强节点，弱构件"的抗震思想。在方案 D 的基础上，用最厚竹片做 6mm 宽的杆作为柱，用最厚竹片做横截面尺寸为 3mm×5mm、5mm×7mm 的梁。为减弱杆件的刚度，使结构变柔，用砂纸对其打磨，使杆件变得轻柔而光滑。在屋脊下有桁架支撑，把屋脊做成空心杆，去掉之前在内部添加加劲肋片。经过以上优化，该方案模型质量约为 105g。模型实物图如图 3-8 所示。

图 3-7　方案 D 实物图（仿古楼阁模型）　　　图 3-8　方案 E 实物图（仿古楼阁模型）

经测试，发现该方案模型在地震荷载作用下的整体性和稳定性表现良好，结构承载力高，质量较轻，因而作为最终定型方案。

3.3　模型制作

3.3.1　模型尺寸与整体效果图

根据模型定型方案，对结构进行深化设计，最终确定的仿古楼阁模型主视图、左视图、俯视图如图 3-9～图 3-11 所示。其中一层为八边形框架，二、三层为四边形框架，楼面标高分别为 0.24m、0.42m、0.60m。一、二层屋檐屋脊曲线段的上边缘均为半径 135mm、弧长 160mm 的圆弧。一、二层屋檐屋脊曲线段分别安装在二、三层转角柱处。一层屋檐屋脊曲线段上边缘起点和终点的标高均为 270mm。二层屋檐屋脊曲线段上边缘起点和终点的标高均为 450mm。仿古楼阁模型整体效果图见图 3-12。

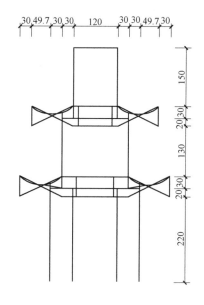

图 3-9 仿古楼阁模型主视图

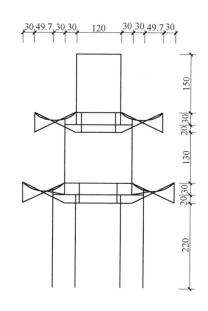

图 3-10 仿古楼阁模型左视图

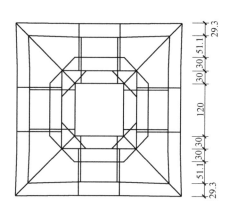

图 3-11 仿古楼阁模型俯视图

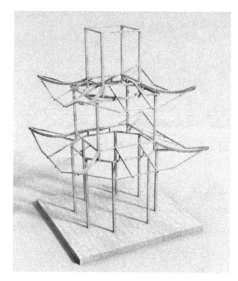

图 3-12 仿古楼阁模型整体效果图

3.3.2 杆件截面与构造详图

（1）一层柱采用壁厚 0.5mm、横截面尺寸 6.5mm×6.5mm、长度 240mm 的箱型空心杆。二、三层柱采用壁厚 0.5mm、横截面尺寸 6.5mm×6.5mm、长度 180mm 的箱型空心杆。杆件内部按一定间距布置四边形加劲肋片，保证柱的稳定性，提高柱的抗变形能力。柱内部构造详见图 3-13、图 3-14。

（2）横向梁构件分为横向斜梁和横向直梁，内部等距添加斜向的肋片，形成桁架结构，使其具有足够的强度支撑上层结构。其中一层横向斜梁壁厚 0.5mm，横截面尺寸

5mm×5mm，长 80mm。二层横向斜梁壁厚 0.5mm，横截面尺寸 5mm×7mm，长 100mm。横向直梁分为四种，壁厚均为 0.5mm，一种横截面尺寸 3mm×5mm，长 120mm；一种横截面尺寸 3mm×5mm，长 168mm；一种横截面尺寸 3mm×5mm，长 108mm；一种横截面尺寸 5mm×6mm，长 168mm。横梁内、外侧及内部桁架构造详图见图 3-15～图 3-17。

图 3-13　一层柱构造详图

图 3-14　二、三层柱构造详图

图 3-15　横梁外侧详图

图 3-16　横梁内侧详图

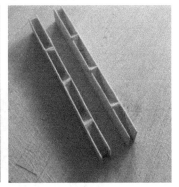
图 3-17　横梁内部桁架构造详图

（3）屋檐屋脊构件壁厚 0.5mm，横截面尺寸 7mm×8mm，上边缘均为半径 135mm、弧长 160mm 的圆弧状桁架式箱型杆。每根杆由 4 个弧线竹片组成，竹片切割时沿竖向纹路进行，具有足够的抗压强度。屋檐屋脊构件详图见图 3-18 和图 3-19。

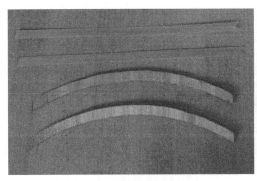
图 3-18　屋檐屋脊构件详图

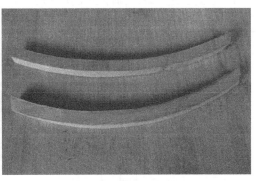
图 3-19　屋檐屋脊详图

（4）斜向屋檐构件采用壁厚 0.35mm、横截面尺寸 4mm×4.7mm、长度 118mm 的箱型空心杆。檐口与屋脊采用厚 0.35mm、宽 4mm 的两个竹片粘成 L 形构件连接，减少屋檐屋脊所受的扭矩，使一、二层屋檐连接成一体，增加结构的整体性。斜向屋檐及檐口与屋檐连接构件分别见图 3-20 和图 3-21。

图 3-20　斜向屋檐构件

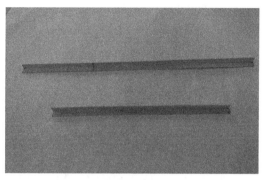

图 3-21　檐口与屋檐连接 L 形杆件

（5）屋檐屋脊下支撑采用厚 0.35mm、宽 5mm、长 75mm 的三竹片组成的槽形构件。起到有效支撑屋檐屋脊的作用，屋脊支撑详见图 3-22 和图 3-23。

图 3-22　屋脊支撑正面图

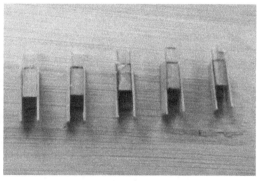

图 3-23　屋脊支撑背面图

3.3.3　构件编号与加工图

经过不断测试与优化调整，完成了竹质三重檐攒尖顶仿古楼阁的设计和制作，模型主要构件编号见图 3-24，构件加工图见表 3-1。

仿古楼阁模型构件加工图　　　　　　　　　　　　表 3-1

构件编号	截面形状及尺寸(mm)	加工示意图
1	6.5 × 6.5	
2	3 × 5	

构件编号	截面形状及尺寸(mm)	加工示意图
3	5 × 7	
4	5 × 6	
5	5 × 5	
6	5.35 × 5.35	
7	4 × 4	
8	7 × 8	
9	4 × 4.7	
10	4 × 4.7	

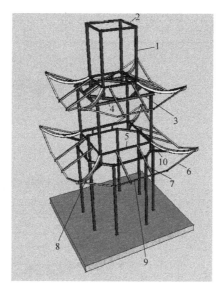

图 3-24 仿古楼阁模型构件示意图

3.4 结构受力分析

3.4.1 材料性能与构件试验

（1）竹材

结构的好坏，不仅在于空间构件布置是否恰当、受力是否合理，也取决于材料的性能是否得到充分发挥。这次大赛提供的为复压竹皮，竹材规格见表 3-2。竹材的力学性能参考值：弹性模量 1.0×10^4 MPa，抗拉强度 60MPa。

古建筑模型竹材规格表 表 3-2

竹材编号	竹材规格（mm）	竹材名称
①	1250×430×0.50	本色侧压双层复压竹皮
②	1250×430×0.35	本色侧压双层复压竹皮
③	1250×430×0.20	本色侧压双层复压竹皮

图 3-25 短柱轴压试验

模型制作采用的主要结构胶粘剂为 502 胶水，为了解 502 胶水粘结后构件的力学性能，进行了这些组合截面的轴向压缩、轴向拉伸及抗弯曲性能试验（见图 3-25～图 3-28）。

通过试验发现：复压竹皮性能呈现各向异性，顺纹抗拉强度、抗压强度较高，容易渗进 502 胶水，胶水凝结后其质量稍微增大，竹材易脆断。同一批竹材尺寸有误差，表面粗糙程度也不相同，宜经过仔细挑选后进行构件制作。不同厚度竹材的力学性能差别较大，竹材用 502 胶水粘结之后，其强度和弹性模量都有明显提高。

图 3-26 竹片受拉试验　　图 3-27 中皮组合截面抗弯试验　　图 3-28 厚皮组合截面抗弯试验

(2) 胶水

根据赛题规定，502 胶水用作主体结构的粘结，涂胶的质量直接影响整个结构的性能，涂胶时应做到少量、均匀。502 胶水的腐蚀性较强，使用时要非常小心，且其挥发较快，涂胶之后应马上粘贴，否则粘结强度将会受到严重影响。

(3) 热熔胶

热熔胶用于配重与模型的固定，竞赛规则规定，每一级加载过程中有配重脱落或任一构件出现断裂或节点脱开均被认为是加载失败，故研究热熔胶的粘结性能意义重大。通过试验发现，热熔胶与竹材的粘结效果较好，但与配重的粘结效果较差。故在模型制作中，需加强配重与模型的连接。

3.4.2　内力分析

模型为超静定空间框架结构，采用大型通用有限元商业软件 ANSYS 进行建模分析。

1. 基本假设

（1）竹条材质连续均匀；

（2）杆件之间刚接，结构与底板连接端为固定支座；

（3）杆件均采用线弹性模型。

2. 物理模型

根据模型的几何尺寸和空间位置，基于 ANSYS 的 APDL 命令流建立其物理模型，如图 3-29 所示。模型的各杆件均采用空间线建模。

3. 有限元模型

在物理模型的基础上，指定各构件的单元属性、实常数和截面特性，并划分网格。杆件以梁单元 BEAM188 模拟。根据杆件的实际截面，分别采用箱型截面（SECTYPE＝HREC）、槽形截面（SECTYPE＝CHAN）和 L 形截面（SECTYPE＝L）模拟。各杆件截面几何特征按表 3-1 设置。结构有限元模型如图 3-30 所示。

4. 荷载计算

（1）屋盖配重：屋盖配重总质量为 4.0kg，以均布荷载的形式加载于结构顶部 4 根横杆上。

（2）一、二层屋檐：根据铜条的截面尺寸和密度，将一、二层屋檐的配重折算为均布荷载施加在相应的杆件上。

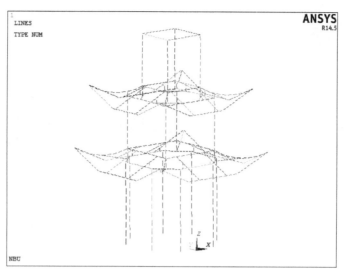

图 3-29　仿古楼阁结构物理模型

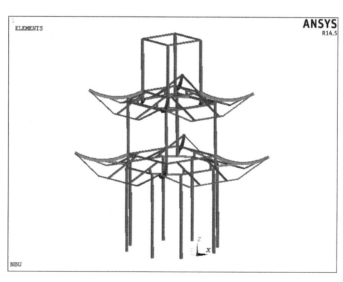

图 3-30　仿古楼阁结构有限元模型

（3）串联铜球：根据铜球的直径估算串联铜球的质量，以集中力的形式加载于屋檐屋脊下边缘外挑端部。

（4）台面最大加速度：竞赛赛题中未给出地震波加速度时程曲线的具体数据，计算时采用《加载说明及波形》中给出的台面最大加速度参考值，第一级 $0.780g$，第二级 $1.145g$，第三级 $1.853g$。

5. 计算结果与分析

（1）结构自振特性

结构的前 10 阶自振频率如表 3-3 所示。由计算结果可知，结构的基本自振频率为 $2.1061Hz$，即结构的自振周期约为 0.5s。由于结构具有对称性，故 2 阶频率与 1 阶频率基本一致。

阶次	自振频率（Hz）	阶次	自振频率（Hz）
1	2.1061	6	5.8431
2	2.1075	7	8.7519
3	2.4183	8	11.254
4	5.7343	9	11.258
5	5.8289	10	11.750

结构的前三阶振型如图 3-31～图 3-33 所示。由图可见，结构第一、二阶振型以平动为主，第三阶振型发生结构扭转。

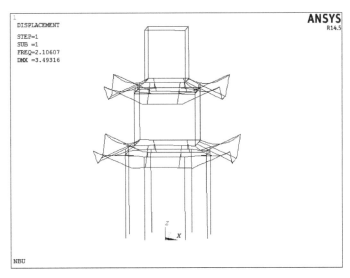

图 3-31 第一阶振型（仿古楼阁模型）

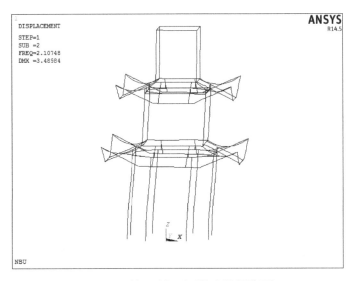

图 3-32 第二阶振型（仿古楼阁模型）

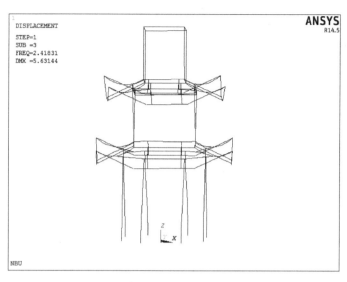

图 3-33　第三阶振型（仿古楼阁模型）

（2）安装配重

安装配重后结构竖向变形如图 3-34 所示，杆件应力如图 3-35 所示。由图 3-34 可见，安装配重后，结构竖向变形最大处位于一层屋檐的屋脊末端，向下挠度约为 4mm，檐口直线段向下挠度约为 3mm。由图 3-35 可见，杆件的最大应力约为 41.2MPa，位于一层屋檐和二层柱衔接处。

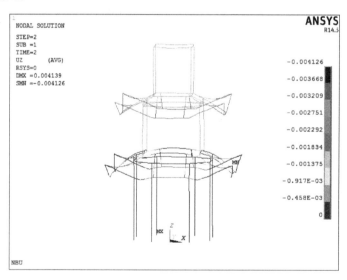

图 3-34　安装配重后结构竖向变形（m）

（3）第一级地震波

沿 X 轴正方向施加 0.780g 的加速度，获得第一级地震波作用下的结构响应。第一级地震波作用下的结构变形、结构竖向位移、杆件应力如图 3-36～图 3-38 所示。由计算结果可知，第一级地震波作用下，结构最大变形为 4.3mm，最大竖向位移为 4.3mm，均发生在第一层屋檐的屋脊末端。杆件最大应力为 42.4MPa，位于一层屋檐和二层柱衔接处。

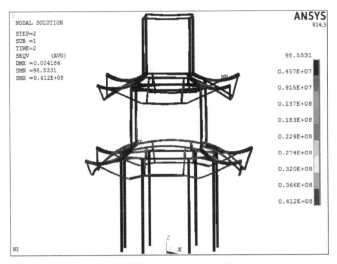

图 3-35　安装配重后结构 Von-Mises 等效应力（Pa）

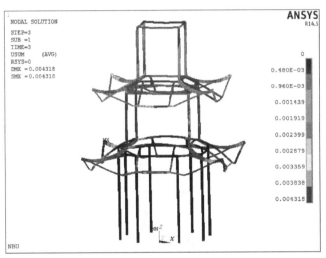

图 3-36　结构变形（第一级地震波）（m）

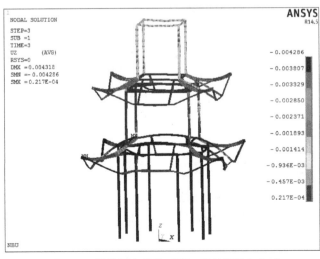

图 3-37　结构竖向位移（第一级地震波）（m）

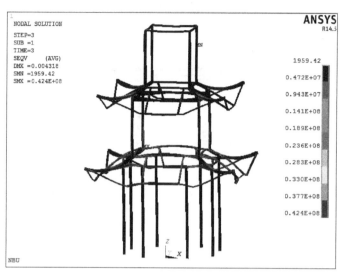

图 3-38　结构 Von-Mises 等效应力（第一级地震波）（Pa）

（4）第二级地震波

沿 X 轴正方向施加 1.145g 的加速度，获得第二级地震波作用下的结构响应。第二级地震波作用下的结构变形、结构竖向位移、杆件应力如图 3-39～图 3-41 所示。由计算结果可知，第二级地震波作用下，结构最大变形为 4.4mm，最大竖向位移为 4.3mm，均发生在第一层屋檐的屋脊末端。杆件最大应力为 42.9MPa，位于一层屋檐和二层柱衔接处。

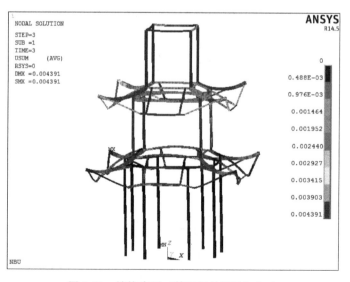

图 3-39　结构变形（第二级地震波）（m）

（5）第三级地震波

沿 X 轴正方向施加 1.853g 的加速度，获得第三级地震波作用下的结构响应。第三级地震波作用下的结构变形、结构竖向位移、杆件应力如图 3-42～图 3-44 所示。由计算结果可知，第三级地震波作用下，结构最大变形为 4.5mm，最大竖向位移为 4.4mm，均发生在第一层屋檐的屋脊末端。杆件最大应力为 43.7MPa，位于一层屋檐和二层柱衔接处。

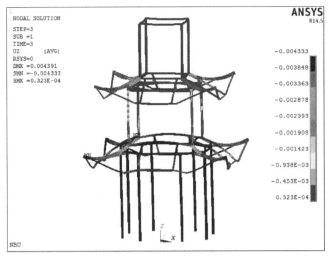

图 3-40 结构竖向位移（第二级地震波）（m）

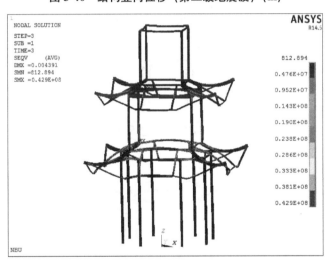

图 3-41 结构 Von-Mises 等效应力（第二级地震波）（Pa）

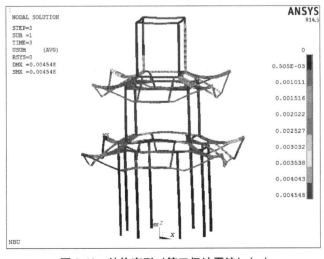

图 3-42 结构变形（第三级地震波）（m）

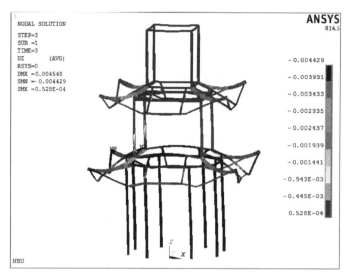

图 3-43 结构竖向位移（第三级地震波）(m)

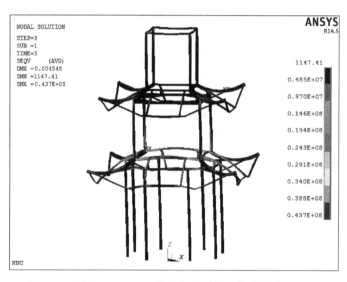

图 3-44 结构 Von-Mises 等效应力（第三级地震波）(Pa)

综上所述，在竞赛要求的加载过程中，结构可承受设计荷载作用，杆件的刚度和强度均满足要求。杆件最大应力位于一层屋檐和二层柱衔接处，制作模型时应特别注意该位置的节点制作。

第 4 章　山地桥梁模型设计制作与分析

4.1　模型设计制作背景

　　滇缅公路于抗日战争期间的 1938 年修建（见图 4-1），公路与缅甸的中央铁路连接，直接贯通缅甸原首都仰光港。原本是为了抢运中国在国外购买的和国际援助的战略物资而紧急修建的，随着日军进占越南，滇越铁路中断，滇缅公路竣工不久就成为了中国与外部世界联系的唯一地面运输通道。

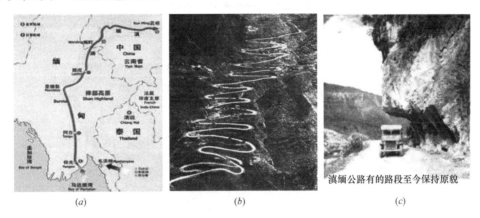

（a）　　　　　　　　　　　（b）　　　　　　　　　（c）

图 4-1　抗战时期修建的滇缅公路

（a）起止位置；（b）公路 24 弯道；（c）崖壁虎口（鹰嘴）

　　第九届全国大学生结构设计竞赛选定对中国在抗日战争期间有着非凡意义的生命线——滇缅公路作为赛题背景，以"传承-山地桥梁结构设计及手工与 3D 打印装配制作"作为竞赛题目，弘扬当代大学生的爱国主义精神，时刻提醒我们勿忘历史，以史为鉴。

4.2　模型设计制作要求

　　总体模型由给定的山体模型、制作的桥梁模型和作为底座连接用的承台板三部分组成。图 4-2、图 4-3 为总体模型三维透视图和总体模型布置图。

　　给定的山体模型有虎口、隧洞和棱台山体模型。桥梁模型由 A、B 两段桥依山而成。A 桥段结构的所有构件及节点均采用给定竹材和 502 胶水手工制作完成。B 桥段结构的杆件采用给定竹材和 502 胶水手工制作，节点及连接部件采用给定的 ABS 塑料打印材料由 3D 打印机打印生成，最终 B 桥段结构由杆件与节点及连接部件装配而成，装配中不使用任何胶水。A、B 桥段结构桥面板制作时要求满铺，不允许有空隙。B 桥段在给定位置设

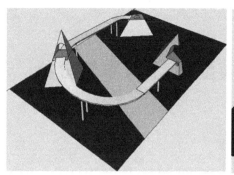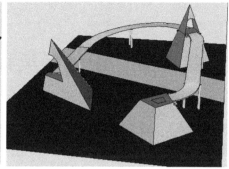

图 4-2　总体模型三维透视图

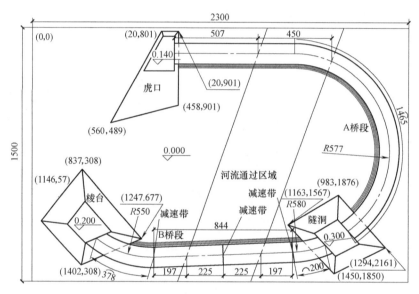

图 4-3　总体模型布置图

有减速带。连接用的承台板主要用来承托给定的山体模型和制作的桥梁模型，模型与承台板用自攻螺钉通过连接件连接，承台板采用生态实木板制作。承台板上设有一条具有一定宽度的模拟河流流经 A、B 桥段，为便于通航，河流内不允许设置桥墩。

山体模型与桥梁模型连接采用搭接方式，即在桥梁与各山体连接处设置搭接平台，搭接平台均设置在各山体小车通过平面下 10mm 处。山体及各桥段模型通过自攻螺钉与承台板相连。要求 A、B 桥段桥墩柱脚处设置带孔连接件，用于自攻螺钉与承台板锚固，其中 A 桥段为手工制作带孔连接件，B 桥段为 3D 打印带孔连接件。

4.3　设计方案选择

4.3.1　关键问题分析

模型加载采用动加载的形式完成。比赛时由参赛队指定一名参赛队员操作配重遥控小车从虎口山体出发，经过 A 桥段、隧洞山体、B 桥段到达棱台山体完成一次加载。模型须进行两次动加载试验，第一级加载为 2kg 移动荷载（包括小车荷重和配重）、第二级加载为 4kg 移动荷载（包括小车荷重和配重）。每队加载成绩由各级加载成功时，计算所得荷重比分数和动载完成时间分数组成。加载表现满分为 70 分，其中加载成功后的荷重比部分占 60 分，动载完成时间占 10 分。

从加载评分标准可以看出，设计的关键问题在于合理选择山地桥梁的结构形式，使结构具备足够的强度、刚度以及稳定性，以承受较大荷载的作用，并且使结构总质量尽可能小。同时需寻求良好的人车协调工作性能，尽可能在较短的时间内安全通过桥梁。

4.3.2 总体思路

考虑到连续梁桥在恒活载作用下，内力分布均匀合理、刚度大、整体性能好、超载能力强、桥面伸缩缝少，因此主体结构采用连续梁桥形式。考虑到鱼腹箱梁闭合薄壁截面刚度大、整体受力性能好、可有效地抵抗正负弯矩、适用于连续梁结构形式，且具有良好的动力性能、收缩变形数值小、跨度上适用性强，因此主梁采用鱼腹箱梁。考虑到 V 型桥墩可以减小跨度，对小车经过减速带时的冲击的影响小，具有轻盈而优美的景观效果，因此桥墩尽可能采用 V 型桥墩。

4.3.3 方案比较

1. 桥墩

最初阶段选用圆柱形桥墩，半径为 4mm，由 0.35mm 厚的竹皮围合而成，桥墩的强度符合需求。但由于圆柱形桥墩半径比较小，而竹皮较厚，在制作上有一定难度，在围合竹皮的过程中会对材料造成损坏，不能最大限度地发挥出结构应有的强度。于是决定将桥墩改为截面为 8mm×8mm 的方形桥墩，用胶水和竹粉在缝隙处加以固定，这样一来，桥墩的强度有所提高。为优化桥墩截面，进行小车加载试验，最终将桥墩截面定为 6mm×6mm。桥墩截面选型过程中的截面变化如图 4-4 所示。

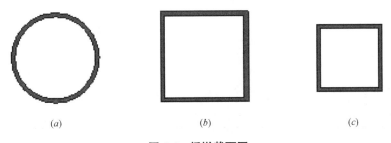

| (a) | (b) | (c) |

图 4-4 桥墩截面图

(a) 圆柱形桥墩截面图；(b) 8mm×8mm 桥墩截面图；(c) 6mm×6mm 桥墩截面图

2. 横梁

（1）A 桥段横梁：最初阶段 A 桥段横梁为 8mm×12mm 的箱型杆，内部塞有肋片，这样的横梁强度大，但质量也大。后来受到拱形的启发，将横梁中间剪成了如图 4-5 (b) 所示的拱形，这样的横梁强度并没有明显降低，但质量大大减小。横梁选型过程中 A 桥段横梁变化如图 4-5 所示。

（2）B 桥段横梁：最初阶段 B 桥段横梁与 A 桥段横梁的样式基本相同，为 8mm×

(*a*)　　　　　　　　　　　　　　　　　　(*b*)

图 4-5　A 桥段横梁示意图

(*a*) 8mm×12mm 横梁示意图；(*b*) 拱形横梁示意图

12mm 的箱型杆，内部塞有打孔的肋片，使用一根 3D 打印的固定杆穿过主梁与横梁内部，将两者连接起来。这样连接之后直线段的节点非常牢固，结构的整体性也很强，但由于小车通过弯桥段时主梁会发生扭曲，横梁与主梁之间容易发生移动，节点的稳固性并不理想。于是考虑使用 3D 打印的横梁，将横梁与墩梁套件结合打印，这样横梁与主梁的连接就十分稳固了。但实践表明，3D 打印构件的节点处存在崩裂的风险。经过衡量，决定将两种横梁结合使用，在直桥段使用竹质横梁，在弯桥段使用 3D 打印的横梁，让两者的优势都能充分发挥出来。横梁选型过程中 B 桥段横梁变化如图 4-6 所示。

(*a*)　　　　　　　　　　　　　　　　　　(*b*)

图 4-6　B 桥段横梁示意图

(*a*) 截面为 8mm×12mm 的横梁；(*b*) 3D 打印的曲直交叉点边横梁

(*a*)　　　　　　　　(*b*)

图 4-7　A 桥段主梁截面图

(*a*) 10mm×10mm 主梁截面图；(*b*) 8mm×12mm 主梁截面图

3. 主梁

（1）A 桥段主梁：最初阶段主梁由三根截面为 10mm×10mm 的箱型杆连接而成，箱型杆内部塞有肋片。后来考虑到不等边矩形有利于提高截面的抗弯刚度，而截面面积与前者基本一致，故将 10mm×10mm 的截面改为 8mm×12mm。同时，在初始方案中，A 桥段的主梁截面都相同，考虑到跨度、弯度不同，对主梁性能的要求也不尽相同，第一跨、第二跨（即河流段）与最后一跨的挠度较大，因而考虑采用鱼腹梁的形式，减少了材料用量，减轻了结构自重，挠度也得到了有效控制。A 桥段主梁截面和外观变化如图 4-7、图 4-8 所示。

（2）B 桥段主梁：最初阶段主梁由三根截面为 15mm×10mm 的箱型杆连接而成，箱

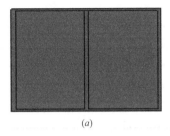
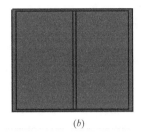

图 4-8　A 桥段主梁侧面图

（*a*）普通梁侧面图；（*b*）鱼腹梁侧面图

型杆内部塞有肋片，这样的梁强度足够高，小车通过时非常平稳。考虑到梁的强度富余较多，逐步减小梁的截面，减轻模型的质量，经过多次试验，将梁的截面改为 12mm×10mm。B 桥段主梁截面变化如图 4-9 所示。

图 4-9　B 桥段主梁截面图

（*a*）15mm×10mm 主梁截面图；（*b*）12mm×10mm 主梁截面图

4. 整桥方案

在初期设计中，由于对赛题所涉及知识的认识还存在一定的局限性，初期方案往往存在一些问题，比如模型质量过重、结构稳定性不强。通过不断试验和完善优化，最终确定定型方案。

（1）初期方案

初期方案采用直立墩加连续梁体系，如图 4-10 所示。A 桥段主要由内外两根主梁与两根横梁连接而成，粘结厚度为 0.35mm的桥面板。考虑到所给竹皮尺寸限制以及制作方便等问题，将主梁分成长度大致相等的三段，每根主梁由三根截面相同的箱型杆连接而成，箱型杆内部塞有肋片，截面为10mm×10mm。横梁采用截面为 10mm×

图 4-10　整桥初期方案

10mm 的箱型杆，内部塞有肋片，强度足够大，保证了小车通过桥墩时整体结构的稳定性。B 桥段也是由两根主梁构成，节点连接采用 3D 打印构件连接的方式，在表面铺厚度为0.2mm 的桥面板，设有三对竖直桥墩，桥墩的截面为 8mm×8mm。该模型质量约为 310g。

存在的问题：这种结构的主要缺点是质量较大，材料利用效率低。结构在能承受规定荷载的情况下用料过多，荷重比过高。

（2）过渡方案

过渡方案 A 桥段采用桥墩顶部斜撑连续梁桥，B 桥段采用张弦梁跨河连续体系，如图 4-11 所示。相比于初期方案，过渡方案在七个方面进行了改进：①减薄了 A 桥段桥面板的厚度，A 桥段桥面板的制作材料由 0.35m 厚的竹皮更换为 0.2mm 厚的竹皮。②在 A桥段每个桥墩的两边贴上薄竹片，对两边的桥面起到拉伸作用。③将 A 桥段主梁截面由原来的 10mm×10mm 改为 8mm×12mm。④在 B 桥段河流段使用下拉索结构，减小小车行驶时主梁变形。⑤将 B 桥段主梁截面由原来的 15mm×10mm 改为 12mm×10mm。⑥在桥体与山体连接的部位设置卡扣，增加结构的整体性，避免晃动。⑦减小桥墩的截面，由原来的 8mm×8mm 改为 6mm×6mm。经上述优化，模型质量降为 250g。

存在的问题：尽管该结构较轻，但由于桥面板厚度的改变，主梁刚度减小，A 桥段河流段挠度较大，小车行进中爬坡困难；而 B 桥段河流段由于采用下拉索结构，桥体存在左右摇晃甚至倾覆的风险。

(3) 定型方案

竞赛规则要求 B 桥段直线梁和曲线梁相交处设置 3D 打印构件连接，并且河跨中央有一个减速带，为了提高桥墩的支撑刚度，B 桥段采用 V 型墩连续梁结构，V 型墩的开始位置和结束位置都支撑在直线梁与曲线梁的相交处，使得河跨中央的减速带距离 V 型墩支撑点很近，提高了结构刚度，减小了桥梁模型加载时的竖向挠度。主梁采用鱼腹梁，B 桥段采用 V 形杆，增强了结构的稳定性，模型晃动的情况大大减小。在 A、B 桥段最后一跨的外侧分别增加一个竖直桥墩和一对竖直桥墩，控制结构挠度。最终定型方案如图 4-12 所示，A 桥段采用直立桥墩连续梁桥，B 桥段采用 V 型墩连续梁桥。模型质量约为 235g。

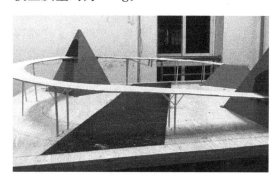

图 4-11 整桥过渡方案

图 4-12 整桥定型方案

4.4 模型制作

4.4.1 整体效果图

全桥模型三维效果图如图 4-13 所示，由 A 桥段和 B 桥段以及虎口、隧道与平台等地形所组成。A、B 桥段均为双主梁上覆桥面板连续梁结构体系。

4.4.2 模型三视图

A 桥段三视图如图 4-14 所示，B 桥段三视图如图 4-15 所示。

图 4-13 全桥模型三维效果图

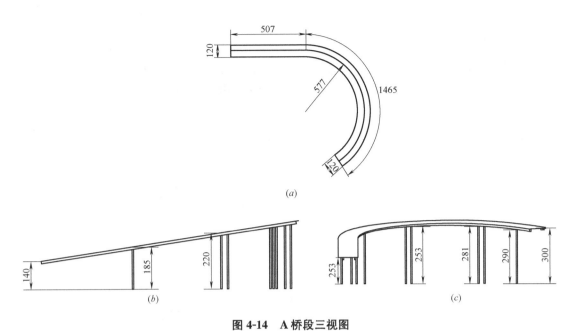

图 4-14　A桥段三视图

(*a*) 平面图；(*b*) 立面图；(*c*) 侧面图

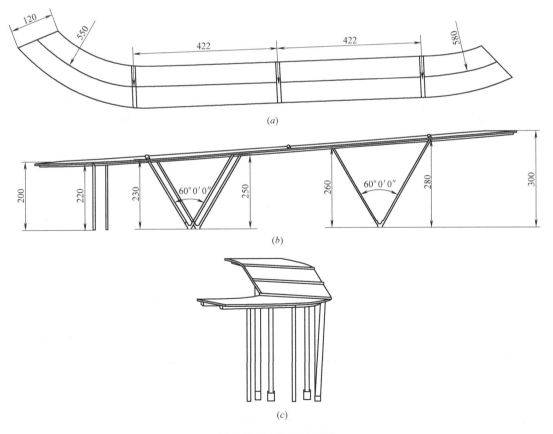

图 4-15　B桥段三视图

(*a*) 平面图；(*b*) 立面图；(*c*) 侧面图

4.4.3 构件详图

A 桥段构件尺寸和外观如表 4-1 所示，主要包括主梁、桥面板、横梁、桥墩、与平台或隧道固定的卡扣等，卡扣粘贴于主梁两端的底面，为辅助构件。

A 桥段构件

表 4-1

构件名称	截面形状及尺寸(mm)	构件示意图
单根主梁		
桥面板		
横梁		
桥墩		
卡扣		

B 桥段竹材构件尺寸和外观如表 4-2 所示，主要包括主梁、桥面板、中间横梁和桥墩等。

按照竞赛规则，B 桥段所有构件之间的连接均采用 3D 打印构件连接，因此设计了 3D 打印连接构件，部分 3D 打印构件将连接构件与受力构件合二为一，部分只作为连接构件，分为边主梁-边横梁-墩连接件、主梁-中横梁-墩连接件、主梁-地形卡扣、墩-承台板连接、主梁-墩连接、减速带、中横梁固定杆和桥面板图钉等，如表 4-3 所示。

B 桥段竹材构件 表 4-2

构件名称	截面形状及尺寸(mm)	构件示意图
单根主梁	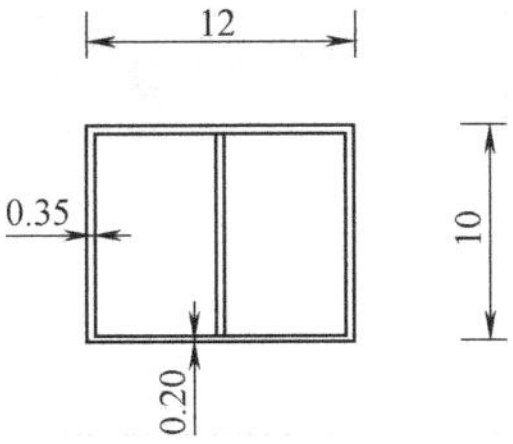	
桥面板	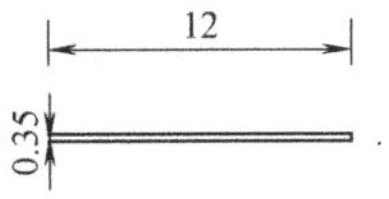	
中间横梁	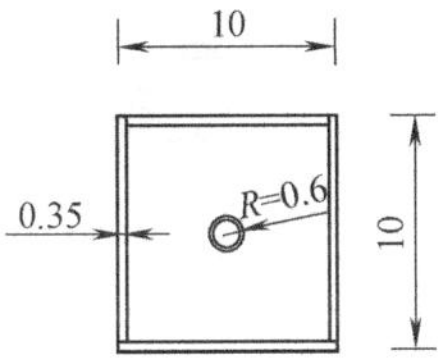	
桥墩	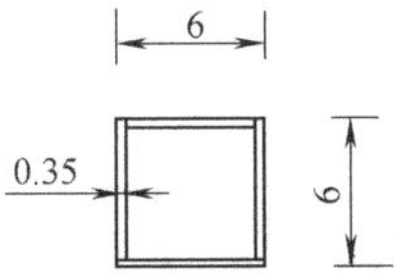	

B 桥段 3D 打印连接构件 表 4-3

构件名称	构件示意图
曲直交叉点边横梁	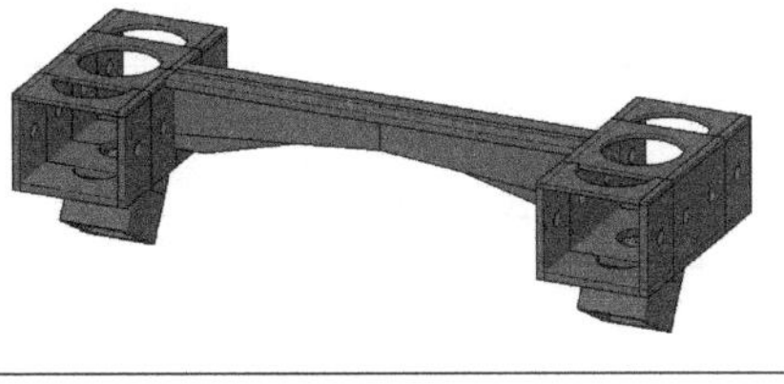
中间横梁套件(右)	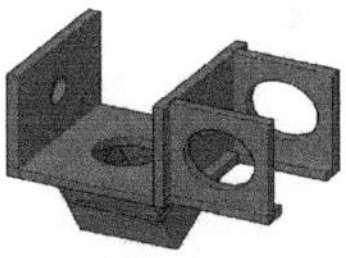
中间横梁套件(左)	

构件名称	构件示意图
山体卡扣(隧洞)	
山体卡扣(棱台)	
模型与承台板连接套件	
墩梁套件	
减速带	
中横梁固定杆	
卡扣固定杆	
桥面板图钉	

4.5 结构受力分析

4.5.1 材料性能

(1) 竹材

竹材具有较高的抗拉和抗压强度，因此适合作为结构模型的制作材料，本次竞赛制作桥梁模型所采用的是复压竹皮，竹材规格及用量如表 4-4 所示，竹材参考力学指标如表 4-5所示。

70

竹材规格及用量（制作桥梁模型）　　　　　表 4-4

竹材规格（mm）	竹材名称	用量（张）
1250×430×0.50	本色侧压双层复压竹皮	4
1250×430×0.35	本色侧压双层复压竹皮	4
1250×430×0.20	本色侧压单层复压竹皮	4

竹材参考力学指标（制作桥梁模型）　　　　　表 4-5

密度	顺纹抗拉强度	抗压强度	弹性模量
0.789g/cm³	150MPa	65MPa	10GPa

（2）3D 打印材料

本次竞赛采用太尔时代 UP-Plus23D 打印机，打印材料为 ABS 塑料（型号：B601），3D 打印材料参考力学特性如表 4-6 所示。

3D 打印材料参考力学特性　　　　　表 4-6

拉伸强度	拉伸模数	弯曲强度	弯曲模数
28MPa	1598MPa	39MPa	1865MPa

（3）胶水

根据赛题规定，502 胶水用作 A 桥段主体结构的粘结，涂胶的质量直接影响整个结构的性能，涂胶时应做到少量、均匀。502 胶水的腐蚀性较强，使用时要非常小心，且其挥发较快，涂胶之后应马上粘贴，否则粘结强度将会受到严重影响。

4.5.2　计算基本假设

（1）竹条材质连续均匀；

（2）杆件之间刚接，桥墩与承台板之间约束三个平动自由度，主梁与山体之间约束三个平动自由度；

（3）杆件均采用线弹性梁单元模拟，桥面板的抗弯刚度不考虑，桥面板的质量通过改变主梁的密度加以考虑。

4.5.3　有限元模型

模型为超静定三维空间结构，采用大型通用有限元商业软件 ANSYS 进行建模分析。A、B 桥段的有限元模型分别如图 4-16 和图 4-17 所示。其中 A 桥段为双主梁五跨连续梁结构，其中第五跨跨中外侧设有一立柱，为圆弧段梁提供竖向支承。为了让每片梁都能分担一定的荷载，减少扭转失稳的可能，在每个桥墩处以及第二跨跨中和第五跨跨中设置了横梁。B 桥段利用 V 型墩减少了河跨的跨径，V 型墩两端支承直线梁和曲线梁的交接缝，同时也是减速带的位置。B 桥段共分为六个小跨，两个 V 型墩的中间横梁采用竹片粘结而成的箱型截面，再通过 3D 打印套件与主梁及桥墩连接，两个 V 型墩的边横梁则采用3D 打印套件与打印 T 型横梁相结合的组合打印构件，如表 4-3 所示。在 B 桥段的末尾处，由于弯桥长度过大，增加了桥墩为主梁提供支承。

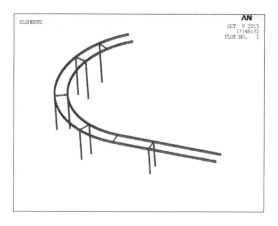

图 4-16　A 桥段有限元模型　　　　　图 4-17　B 桥段有限元模型

4.5.4　加载遥控小车荷载

遥控小车自重 1kg，铅块每块重 1kg，加载第一级时放置一块铅块，总质量为 2kg；加载第二级时放置三块铅块，总质量为 4kg。经称量，2kg 加载时小车前轴重 9.461N，后轴重 10.266N；4kg 加载时小车前轴重 14.083N，后轴重 25.134N，车轮中心横向间距 72.5mm，如图 4-18 所示。

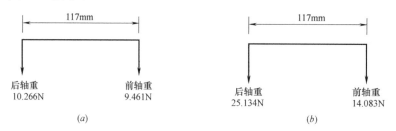

图 4-18　遥控小车荷载

(a) 2kg 加载；(b) 4kg 加载

4.5.5　计算结果与分析

1. 动力特性分析

(1) A 桥段

计算了 A 桥段前 20 阶的模态频率，前五阶的模态频率如表 4-7 所示。ANSYS 计算结果如图 4-19～图 4-23 所示。

A 桥段前五阶模态频率　　　　　　　　　　　　　　　表 4-7

振型阶数	频率(Hz)	振型描述
第一阶	12.8	横弯一阶
第二阶	15.3	横弯二阶
第三阶	18.4	横弯三阶
第四阶	19.3	桥墩纵向反对称振动
第五阶	28.2	横弯四阶

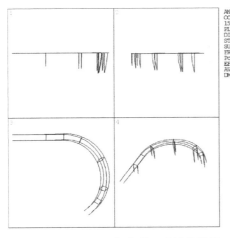

图 4-19　A 桥段第一阶计算结果

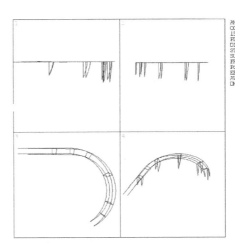

图 4-20　A 桥段第二阶计算结果

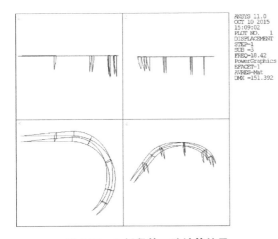

图 4-21　A 桥段第三阶计算结果

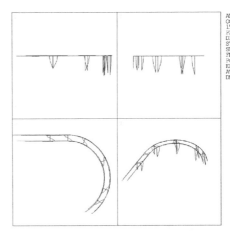

图 4-22　A 桥段第四阶计算结果

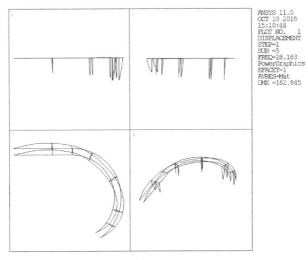

图 4-23　A 桥段第五阶计算结果

（2）B桥段

计算了 B 桥段前 20 阶的模态频率，前五阶的模态频率如表 4-8 所示，ANSYS 计算结果如图 4-24～图 4-28 所示。由于 B 桥段跨径比 A 桥段小，同时梁的截面也比 A 桥段大，因此 B 桥段梁的刚度大于 A 桥段，频率高于 A 桥段。

B桥段前五阶模态频率　　　　　　　　　　　　　　　　表 4-8

振型阶数	频率（Hz）	振型描述
第一阶	18.2	横弯一阶
第二阶	42.6	横弯二阶
第三阶	67.3	竖弯一阶
第四阶	94.6	横弯三阶
第五阶	143.3	横弯四阶

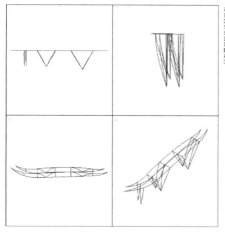

图 4-24　B 桥段第一阶计算结果

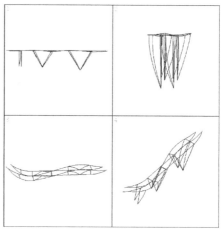

图 4-25　B 桥段第二阶计算结果

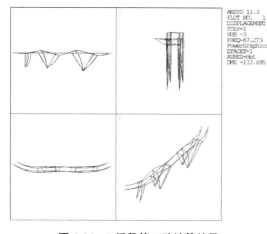

图 4-26　B 桥段第三阶计算结果

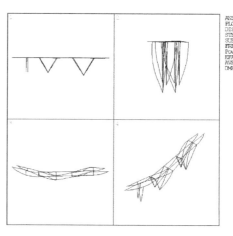

图 4-27　B 桥段第四阶计算结果

2. 结构静力加载分析

在两阶段加载过程中，2kg 静力加载工况对模型设计不起控制作用，因此只列出 4kg 静力加载工况的有限元计算结果。

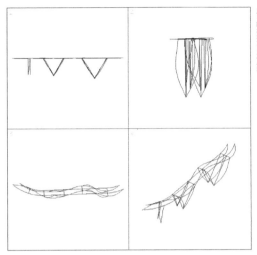

图 4-28　B 桥段第五阶计算结果

（1）A 桥段

A 桥段各跨挠度、跨中与支座弯矩、跨中应力的计算结果如表 4-9 所示，ANSYS 计算结果如图 4-29～图 4-38 所示。

A 桥段各跨计算数值   表 4-9

跨号	挠度(mm)	弯矩(N·mm)		跨中应力(MPa)
		跨中最大正弯矩	支座最大负弯矩	
第一跨	10.8	1520.0	986.9	36.9
第二跨	10.2	1311.0	999.7	32.2
第三跨	7.1	1059.0	771.7	26.0
第四跨	6.1	1008.0	986.4	24.7
第五跨	2.7	684.6	363.9	33.1

由表 4-9 中的数据可知，A 桥段第一跨、第二跨的挠度较大，第一跨、第二跨与第五跨的跨中应力明显大于其他两跨，这说明对这三跨的主梁进行加强是十分必要的。

1）第一跨计算结果

第一跨挠度分布如图 4-29 所示，应力分布如图 4-30 所示。从图中可以看出：第一跨跨中最大竖向挠度为 10.798mm，相邻跨最大反挠位移为 3.613mm；跨中 Mises 应力最大值为 36.875MPa。

2）第二跨计算结果

第二跨挠度分布如图 4-31 所示，应力分布如图 4-32 所示。从图中可以看出：第二跨跨中最大竖向挠度为 10.15mm，相邻跨最大反挠位移为 3.341mm；跨中 Mises 应力最大值为 32.233MPa。

3）第三跨计算结果

第三跨挠度分布如图 4-33 所示，应力分布如图 4-34 所示。从图中可以看出：第三跨跨中最大竖向挠度为 7.092mm，相邻跨最大反挠位移为 3.076mm；跨中 Mises 应力最大值为 26.03MPa。

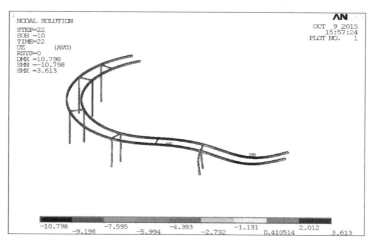

图 4-29 A 桥段第一跨挠度分布（mm）

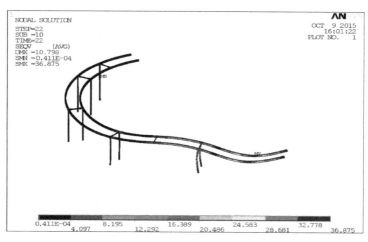

图 4-30 A 桥段第一跨应力分布（MPa）

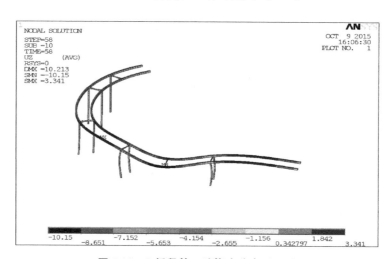

图 4-31 A 桥段第二跨挠度分布（mm）

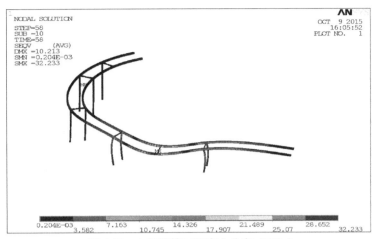

图 4-32　A 桥段第二跨应力分布（MPa）

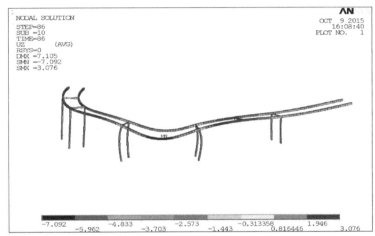

图 4-33　A 桥段第三跨挠度分布（mm）

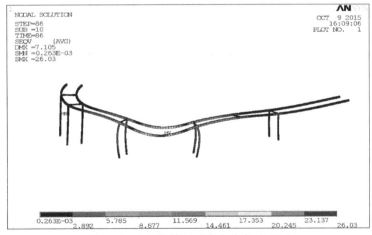

图 4-34　A 桥段第三跨应力分布（MPa）

4）第四跨计算结果

第四跨跨中最大竖向挠度为 6.114mm，相邻跨最大反挠位移为 2.213mm；跨中 Mises 应力最大值为 24.746MPa。第四跨挠度分布如图 4-35 所示，应力分布如图 4-36 所示。

从图中可以看出：

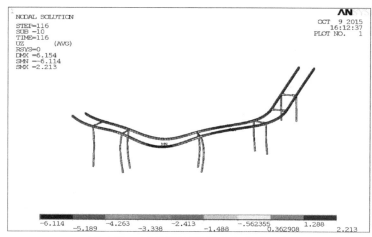
图 4-35　A 桥段第四跨挠度分布（mm）

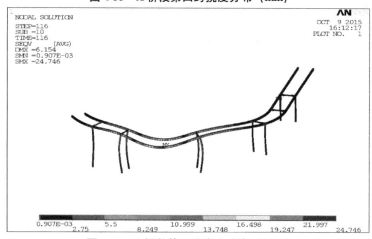
图 4-36　A 桥段第四跨应力分布（MPa）

5）第五跨计算结果

第五跨挠度分布如图 4-37 所示，应力分布如图 4-38 所示。从图中可以看出：第五跨

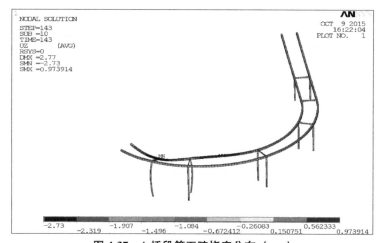
图 4-37　A 桥段第五跨挠度分布（mm）

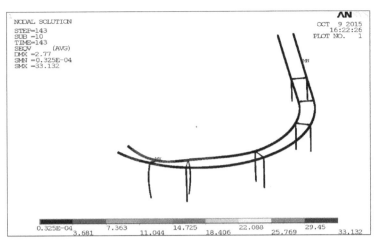

图 4-38　A 桥段第五跨应力分布（MPa）

跨中最大竖向挠度为 2.73mm，相邻跨最大反挠位移为 0.974mm；跨中 Mises 应力最大值为 33.132MPa。

（2）B 桥段

B 桥段各跨挠度、跨中与支座弯矩、跨中应力的计算结果如表 4-10 所示，ANSYS 计算结果如图 4-39～图 4-50 所示。

由表 4-10 中数据与表 4-9 中数据比较可得，B 桥段的挠度、跨中与支座弯矩、跨中应力均明显小于 A 桥段。

B 桥段各跨计算数值　　　　　　　　　　　表 4-10

跨号	挠度（mm）	弯矩（N·mm）		跨中应力（MPa）
		跨中最大正弯矩	支座最大负弯矩	
第一跨	1.2	614.8	288.4	12.2
第二跨	2.1	710.6	517.5	14.3
第三跨	0.8	523.4	270.5	10.4
第四跨	1.1	588.5	392.9	11.6
第五跨	0.5	404.7	303.6	8.0
第六跨	0.7	535.9	308.1	10.1

1）第一跨计算结果

第一跨挠度分布如图 4-39 所示，应力分布如图 4-40 所示。从图中可以看出：第一跨跨中最大竖向挠度为 1.169mm，相邻跨最大反挠位移为 0.459mm；跨中 Mises 应力最大值为 12.205MPa。

2）第二跨计算结果

第二跨挠度分布如图 4-41 所示，应力分布如图 4-42 所示。从图中可以看出：第二跨跨中最大竖向挠度为 2.117mm，相邻跨最大反挠位移为 0.648mm；跨中 Mises 应力最大值为 14.264MPa。

3）第三跨计算结果

第三跨挠度分布如图 4-43 所示，应力分布如图 4-44 所示。从图中可以看出：第三跨跨中最大竖向挠度为 0.810mm，相邻跨最大反挠位移为 0.394mm；跨中 Mises 应力最大值为 10.361MPa。

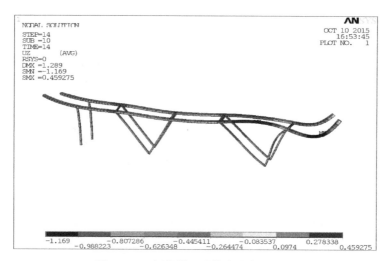

图 4-39　B 桥段第一跨挠度分布（mm）

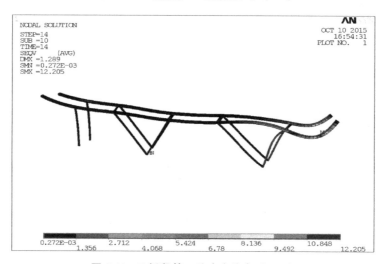

图 4-40　B 桥段第一跨应力分布（MPa）

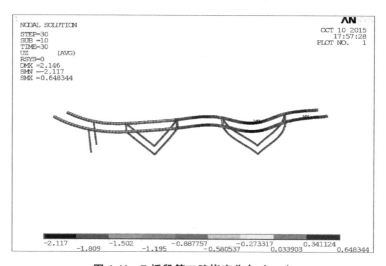

图 4-41　B 桥段第二跨挠度分布（mm）

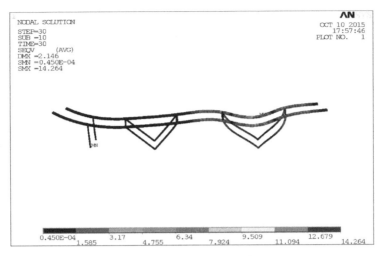

图 4-42　B 桥段第二跨应力分布（MPa）

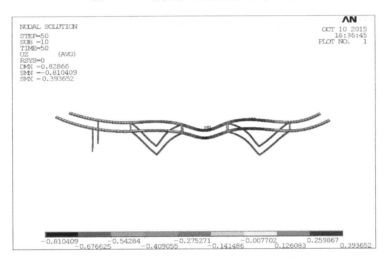

图 4-43　B 桥段第三跨挠度分布（mm）

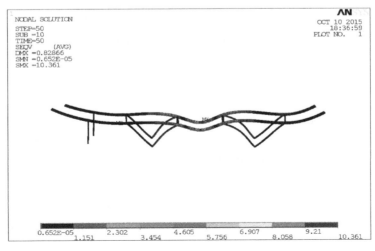

图 4-44　B 桥段第三跨应力分布（MPa）

4）第四跨计算结果

第四跨挠度分布如图 4-45 所示，应力分布如图 4-46 所示。从图中可以看出：第四跨跨中最大竖向挠度为 1.149mm，相邻跨最大反挠位移为 0.322mm；跨中 Mises 应力最大值为 11.578MPa。

5）第五跨计算结果

第五跨挠度分布如图 4-47 所示，应力分布如图 4-48 所示。从图中可以看出：第五跨跨中最大竖向挠度为 0.447mm，相邻跨最大反挠位移为 0.177mm；跨中 Mises 应力最大值为 8.003MPa。

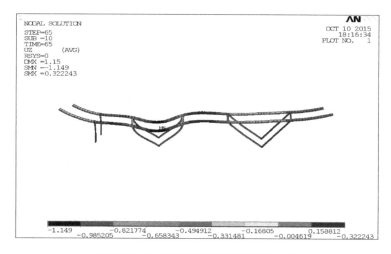

图 4-45　B 桥段第四跨挠度分布（mm）

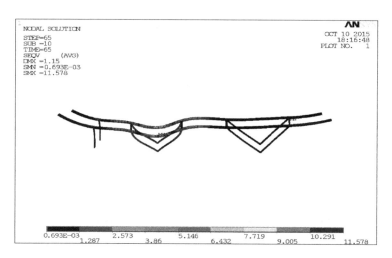

图 4-46　B 桥段第四跨应力分布（MPa）

6）第六跨计算结果

第六跨挠度分布如图 4-49 所示，应力分布如图 4-50 所示。从图中可以看出：第六跨跨中最大竖向挠度为 0.742mm，相邻跨最大反挠位移为 0.200mm；跨中 Mises 应力最大值为 10.114MPa。

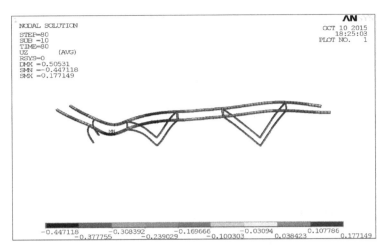

图 4-47 B 桥段第五跨挠度分布（mm）

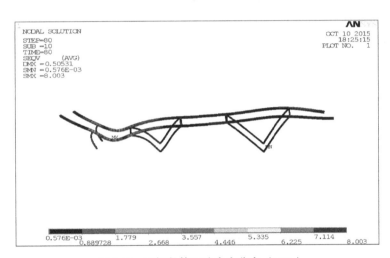

图 4-48 B 桥段第五跨应力分布（MPa）

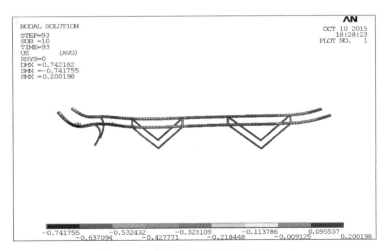

图 4-49 B 桥段第六跨挠度分布（mm）

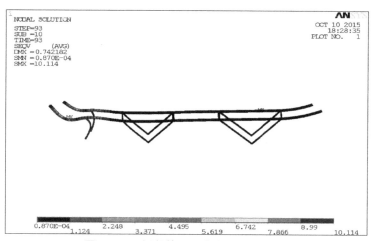

图 4-50 B 桥段第六跨应力分布（MPa）

由上述 A、B 两桥段应力计算结果与竹材参考力学指标（见表 4-5）的比较可知，每一跨的应力均小于竹材的抗拉和抗压强度，且有较大的富余空间，结构静力荷载下的承载强度能够满足要求。

（3）B 桥段减速带

4kg 小车经过 B 桥段减速带时桥体最大挠度、正负弯矩及应力的计算结果如表 4-11 所示。ANSYS 计算结果如图 4-51～图 4-56 所示。

经过 B 桥段减速带时计算数值　　　　　　　　　　　　　　表 4-11

减速带	挠度(mm)	弯矩(N·mm)		应力(MPa)
		最大正弯矩	最大负弯矩	
第一个	0.9	342.7	330.4	8.0
第二个	0.8	480.3	287.2	9.5
第三个	0.5	306.4	31.4	6.7

1）第一个减速带

4kg 小车通过第一个减速带时桥体竖向挠度及应力分布分别如图 4-51 和图 4-52 所示。

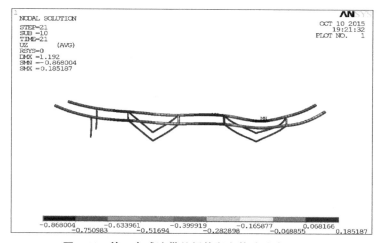

图 4-51 第一个减速带处桥体竖向挠度分布（mm）

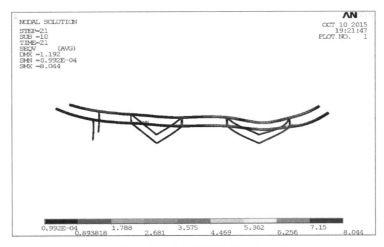

图 4-52 第一个减速带处桥体应力分布 (MPa)

从图中可以看出：竖向向下挠度最大值为 0.868mm，反向挠度最大值为 0.185mm；Mises 应力最大值为 8.044MPa。

2）第二个减速带

4kg 小车通过第二个减速带时桥体竖向挠度及应力分布分别如图 4-53 和图 4-54 所示。从图中可以看出：竖向向下挠度最大值为 0.815mm，反向挠度最大值为 0.411mm；Mises 应力最大值为 9.451MPa。

3）第三个减速带

4kg 小车通过第三个减速带时桥体竖向挠度及应力分布分别如图 4-55 和图 4-56 所示。从图中可以看出：竖向向下挠度最大值为 0.500mm，反向挠度最大值为 0.147mm；Mises 应力最大值为 6.731MPa。

假设冲击系数为 $\mu = 0.3$，小车后轮经过三个减速带时应力乘以冲击增大系数 $(1+\mu) = 1.3$ 后均小于 15MPa，因此虽然小车经过减速带时带来了冲击力，但结构强度仍然满足要求。

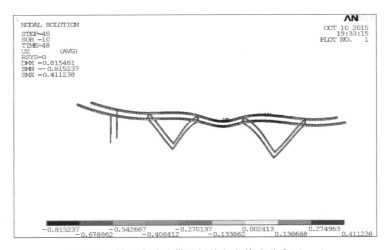

图 4-53 第二个减速带处桥体竖向挠度分布 (mm)

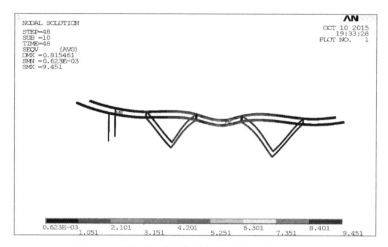

图 4-54　第二个减速带处桥体应力分布（MPa）

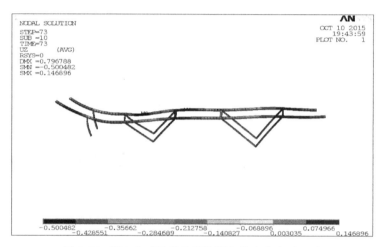

图 4-55　第三个减速带处桥体竖向挠度分布（mm）

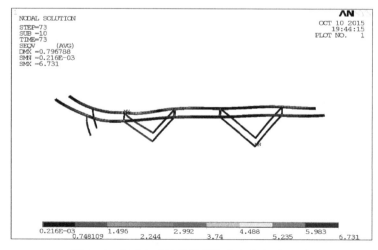

图 4-56　第三个减速带处桥体应力分布（MPa）

第 5 章 大跨度屋盖结构模型设计制作与分析

5.1 模型设计制作背景

　　随着国民经济的高速发展和综合国力的增强，我国大跨度结构技术水平也取得了长足的进步，正在赶超国际先进水平。改革开放以来，大跨度结构的社会需求和工程应用逐年增加，在各种大型体育场馆、剧院、会议展览中心、机场候机楼、铁路旅客站及各类工业厂房等建筑中得到了广泛的应用。借北京成功举办 2008 年奥运会、申办 2022 年冬奥会等国家重大活动的契机，我国已经或即将建成一大批高标准、高规格的体育场馆、会议展览馆、机场航站楼等社会公共建筑，这给我国大跨度结构的进一步发展带来了良好的契机，同时也对我国大跨度结构技术水平提出了更高的要求。

　　第十届全国大学生结构设计竞赛以大跨度屋盖结构设计制作为题，通过静加载的形式完成屋盖结构性能测试。总体模型由承台板、支承结构、屋盖三部分组成（见图 5-1）。承台板采用竹集成板材，板面留设各限定尺寸的界限。屋盖结构的具体形式不限，由四根柱支撑，柱截面形式不限。柱脚与承台板的连接采用胶水粘结。

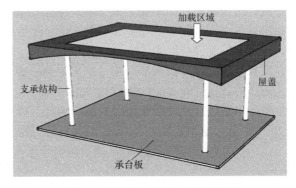

图 5-1　屋盖结构模型三维透视简图

　　模型的承台板由竞赛主办方统一提供，模型的其余部分由参赛队制作。模型结构的所有杆件、节点及连接部件均采用给定的竹材与胶水手工制作完成。屋盖结构平面尺寸和剖面尺寸要求分别如图 5-2 和图 5-3 所示。

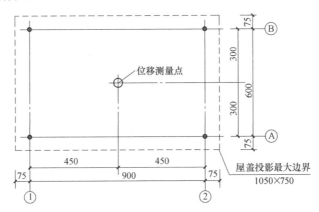

图 5-2　屋盖结构平面尺寸要求

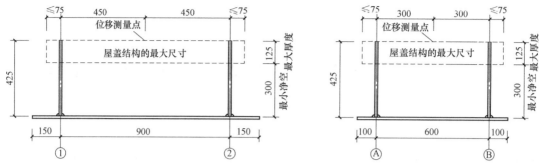

图 5-3　屋盖结构剖面尺寸要求

5.2　模型设计与制作过程

5.2.1　关键问题分析

本次竞赛模型加载采用静加载的形式完成，所加荷载为屋面全跨均布荷载，荷重用软质塑胶运动地板模拟。加载分两阶段进行，第一阶段：标准加载 14kg（七张地板）。先加第一级，三张胶垫（2kg/张，共 6kg）逐张加载，持荷 30s，测试并记录指定点挠度值；再加第二级，四张胶垫（2kg/张，共 8kg）逐张加载，持荷 30s，测试并记录指定点挠度值。加载时的允许挠度为 $[w]=4.0$mm。第二阶段：最大加载量由各参赛队根据自身模型情况自行确定，可报两个级别（定义为第三级和第四级），并应在加载前上报。荷载级别为胶垫的数量（即 2kg 的倍数）。加载过程中，若模型结构发生整体倾覆、垮塌，则终止加载，本级加载及以后级别加载成绩为零。模型加载测试结果共计 75 分，其中加载承载力计 60 分，模型刚度计 15 分，具体评分标准如下：

（1）计算各参赛队模型（i）的单位自重承载力 m_{1i}、m_{2i}

$$m_{1i}=\frac{N_1}{M_i} \tag{5-1}$$

$$m_{2i}=\frac{N_{2i}}{M_i} \tag{5-2}$$

式中　N_1——第一阶段加载时的加载荷重（包括屋面质量），即 $N_1=15$kg；

　　　N_{2i}——第二阶段加载时，本队模型的加载荷重（kg）；

　　　M_i——本队模型的自重（kg）。

（2）计算模型承载力得分 C_i

$$C_i=\frac{m_{1i}}{m_{1,\max}}\times35+\frac{m_{2i}}{m_{2,\max}}\times25 \tag{5-3}$$

式中　$m_{1,\max}$——第一阶段加载时，所有参赛队模型中单位自重承载力的最大值；

　　　$m_{2,\max}$——第二阶段加载时，所有参赛队模型中单位自重承载力的最大值。

（3）计算模型刚度得分 K_i（仅第一阶段加载）

$$K_i=\frac{w_i}{[w]}\times15 \tag{5-4}$$

式中　w_i——第一阶段加载时，本队模型的挠度（mm），当实测挠度大于允许挠度 $[w]$时，取 $w_i=0.0$；

$[w]$——第一阶段加载时的允许挠度，$[w]=4.0$mm。

从加载评分标准可以看出，竞赛成绩的好坏主要取决于两个方面：一是要尽可能增大模型单位自重承载力，即模型在质量较轻的情况下能承受既定的静力荷载；二是模型的刚度要控制在合适的范围内，即要求在第一阶段加载时模型的挠度尽可能接近但不能超过既定的允许挠度$[w]=4.0$mm。

结合此次竞赛赛题要求，大跨度屋盖结构由承台板、支承结构以及屋盖组成。而作为支承结构的柱子只能在四角设置，同时对净空提出了要求。但赛题对于结构体系的选择不作限制，因此给设计方案的选择提供了较大的余地。

5.2.2 整体方案比较

大跨度屋盖结构可采用网架结构、桁架结构、梁格结构以及带柔性杆件的悬索结构和张弦梁结构等。每一种结构形式都有各自的优点与不足，需要通过不断试验确定。

（1）方案一：悬索结构。初步想法是采取悬索结构，将竖向荷载下主要杆件受压转化为竹条受拉，充分发挥竹材的性能特征，同时将柱子设计成倾斜状来增加结构的稳定性，如图5-4所示。通过试验发现竹条的抗拉性能出色但在节点处格外薄弱，通过对竹节处进行贴片加强处理解决了这一问题。但在挠度测试中发现，该结构的挠度较大且变形难以控制，因此最终放弃了该方案。

图5-4 悬索结构（方案一）

（2）方案二：网架结构。为控制挠度、增加结构的稳定性，采用网架结构，初步尝试采用倒放四角锥网架结构，测试表明结构稳定性较好、整体性强，但所用杆件较多，质量较重，在竞赛中不占优势。后采用抽空四角锥网架结构，减少了近一半网格数量，并在中心和边缘网格处进行局部加强，如图5-5所示。但性能测试结果显示抽空四角锥网架结构的整体性较满铺式降低，难以承受期望的荷载。综合考虑，虽然该方案挠度易控制但因质量较大而放弃。

（3）方案三：纵横梁结构。通过加强主体结构，减少部分空间联系杆件来减轻模型质量，如图5-6所示。试验发现，长边长度达900mm的格构梁跨中弯矩较大，受力时极易破坏，再加强必须通过提高杆件厚度或者采取其他加强形式来实现，这将大大增加模型质量。但这一模型相较之前的方案，结构荷重比提高，因此尝试采用横向布置的单体屋架结

图 5-5　网架结构（方案二）

构，继续进行结构优化。

图 5-6　纵横梁结构（方案三）

（4）方案四：张弦梁与桁架混合结构。所采用的张弦梁结构由槽型截面上弦杆、矩形截面下弦杆、腹杆以及底部张拉的柔性拉索组成，如图 5-7 所示。工作机理为：通过在下

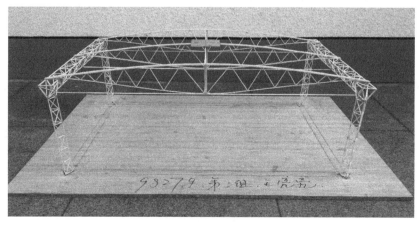

图 5-7　张弦梁与桁架混合结构（定型方案）

弦拉索中施加预应力使上弦压弯构件产生反挠度，从而使结构在荷载作用下的最终挠度降低，而撑杆对上弦压弯构件提供弹性支撑，改善了结构的受力性能。在屋面均布恒载作用下，上弦杆弯矩较小，仅在靠近端横梁处有弯矩，腹杆和下弦杆基本为轴向受力杆件，拉索属于柔性结构，仅受轴向力作用。

加载测试结果表明，这种混合结构能充分发挥材料性能，提高材料利用率，降低结构自重。张弦梁的支承端采用桁架，能够减小结构形变，既能使结构在挠度上趋向竞赛要求的4mm，也能在二级加载时提升结构的极限承载力。因此将该方案作为模型的最终定型方案。

5.2.3 构件截面选型

(1) 屋架

模型制作初期阶段，屋架上弦杆采用由截面为 1mm×6mm 的竹条合围而成的箱型截面，如图 5-8 (a) 所示，该截面形式受力均衡稳定，整体刚度大，承载能力强，但质量较大，不能有效发挥材料强度。后将箱型截面改为由三片 1mm×6mm 的竹条组成的工字形截面，如图 5-8 (b) 所示。工字形截面两个正交方向的截面惯性矩差异较大，一个方向截面刚度大，能承受较大荷载，但另一个方向需要加强空间支撑来保障整体结构的稳定性。通过软件分析发现工字杆的下半部分受力较小，为进一步减轻质量，用刀削去下半部分，形成了最终的槽形截面上弦杆，如图 5-8 (c) 所示。

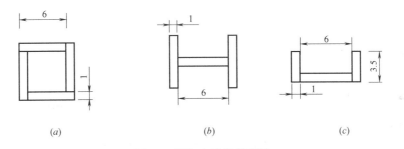

图 5-8 屋架上弦杆截面图
(a) 箱型截面；(b) 工字形截面；(c) 槽形截面

(2) 横梁

模型制作初期阶段，横梁采用由 2mm×2mm 的竹条组成的正三棱横截面。试验测试发现，该尺寸下的横梁强度不够，对二级加载不利，而改变尺寸对局部受弯情况的改善相对有限，且影响模型净空。综合考虑上弦杆受压、下弦杆受拉的受力特点，将梁的上弦杆改为 3mm×3mm 的竹条，下弦杆保留 2mm×2mm，并将截面从正三角形改为等腰三角形，增加梁的高度，提高梁的刚度。截面调整后，既节约了材料，又大大提高了模型的整体抗弯性能。横梁截面选型演化过程如图 5-9 所示。

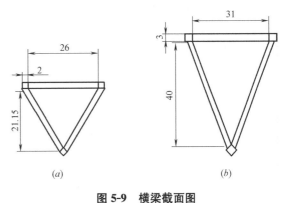

图 5-9 横梁截面图
(a) 正三角形桁架；(b) 等腰三角形桁架

（3）立柱

模型制作初期阶段，立柱采用由 3mm×3mm 的竹条组成的截面作为竖杆，斜杆采取由 2mm×2mm 的竹条组成的截面，节间距为 44mm。加载试验发现立柱的应力还有较大富余，因此改为立柱的竖杆和斜杆均采用 2mm×2mm 的竹条，同时将桁架节间距增大为 50mm，立柱的节间距及截面演化过程分别如图 5-10、图 5-11 所示。

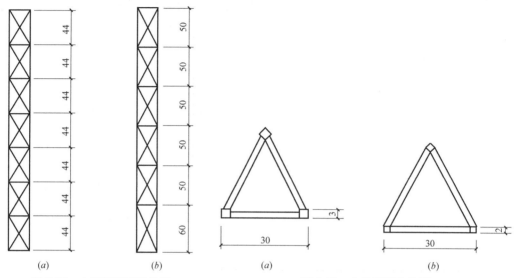

图 5-10　立柱节间距变化图

（a）七段桁架立柱图；（b）六段桁架立柱图

图 5-11　立柱截面变化图

（a）3mm×3mm 立柱竖杆；（b）2mm×2mm 立柱竖杆

5.2.4　模型效果图与构件详图

整体屋盖模型主要包括立柱、横梁、纵梁和拉索（片）等构件，模型效果图及主要构件编号如图 5-12 所示。构件的截面尺寸和三维构造如表 5-1 所示。

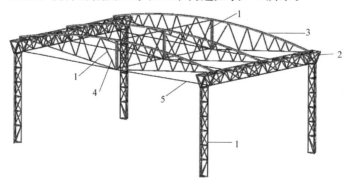

图 5-12　层盖模型效果图与构件编号

屋盖模型构件截面与示意图　　　　　　　　　　　　表 5-1

构件编号	使用部位	截面形状及尺寸(mm)	构件示意图
1	纵梁腹杆、纵梁下弦、中横梁、端横梁腹杆、端横梁下弦和立柱	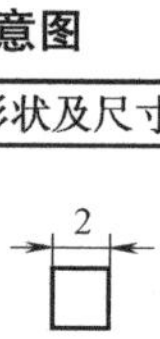 2	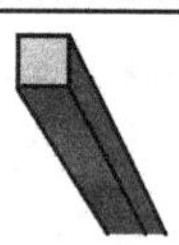

92

构件编号	使用部位	截面形状及尺寸(mm)	构件示意图
2	端横梁上弦	3	
3	纵梁上弦	6 / 3.5 / 1	
4	纵梁中竖直腹杆	2 / 6 / 1	
5	纵梁拉片	6 / 0.35	

5.2.5 结构三视图

屋盖模型结构三视图如图 5-13 所示。

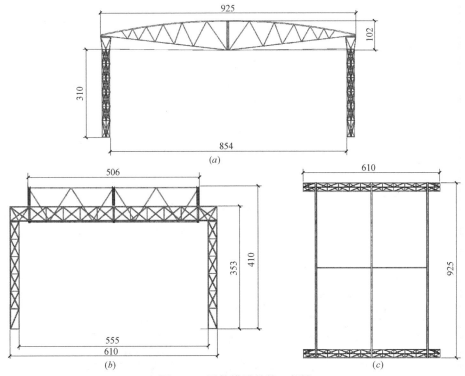

图 5-13 屋盖模型结构三视图

(a) 主视图；(b) 左视图；(c) 俯视图

93

5.2.6 节点处理

(1) 立柱杆件节点

通过对立柱三角形格构杆件端部的削角处理，使得杆件紧密贴合，并在节点处撒竹粉配合胶水使节点更加牢固，如图 5-14 所示。

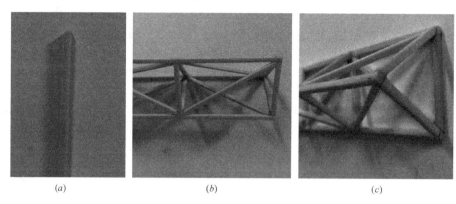

(a)　　　　　　　　*(b)*　　　　　　　　*(c)*

图 5-14　立柱杆件节点图

(a) 单根杆件处理图；*(b)* 杆身连接图；*(c)* 杆端连接图

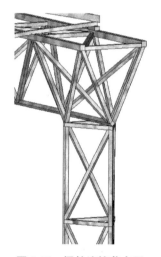

图 5-15　梁柱连接节点图

(2) 梁柱节点

三角形梁倒置于柱上，通过在两侧各增加两根撑杆，在各向均形成稳定的三角形来保证其稳固，同时在节点处填充竹粉，通过胶水与竹粉的粘结保证其稳定不动。梁柱连接详细构造如图 5-15 所示。

(3) 屋架与端横梁节点

拱形屋面的自然弯曲使其在与梁的衔接处产生一个倾角，需要通过增加垫片来固定，以更好地控制结构的挠度。制作过程中，通过两片截面为 3mm×6mm 的竹条相互重叠形成截面尺寸为 6mm×6mm 的竹条块来填补空隙，如图 5-16 所示。

(4) 柱脚节点

柱子将力传导至承台板，任何单根柱子的侧向偏移都可能导致结构失稳，因此柱子与承台板的连接相当重要。如上所述，将竹条磨成粉作为胶

图 5-16　屋架与端横梁连接节点图

水与竹材之间的胶粘剂能大大加强粘结效果，为确保稳定性，在柱脚内外侧撒上竹粉再滴加胶水以加强连接牢固性。如图 5-17 所示。

图 5-17　柱脚与承台板连接节点图

5.3　受力计算与分析

5.3.1　材料规格与性能

本次竞赛所用材料为竹材，竹材规格及用量如表 5-2 所示，参考力学指标如表 5-3 所示。

竹材规格及用量（制作屋盖模型）　　　　表 5-2

竹材规格(mm)		竹材名称	用量
竹皮	125×430×0.50	本色侧压双层复压竹皮	4 张
	1250×430×0.35	本色侧压双层复压竹皮	4 张
	1250×430×0.20	本色侧压单层复压竹皮	4 张
竹条	900×6×1		40 根
	900×2×2		40 根
	900×3×3		40 根
	900×6×3		40 根

竹材参考力学指标（制作屋盖模型）　　　　表 5-3

密度	顺纹抗拉强度	抗压强度	弹性模量
0.789g/cm³	150MPa	65MPa	10GPa

5.3.2　计算假设与有限元模型

模型为超静定三维空间结构，采用大型通用有限元商业软件 ANSYS 进行建模分析。计算基本假设包括：

（1）加载过程中所有杆件均处于弹性状态，不考虑材料塑性；

（2）所有节点连接均为刚性连接；

（3）不考虑材料自重；

（4）不考虑大变形效应；

（5）不考虑拉杆的预应力效应。

所有杆件采用 Beam4 三维梁单元模拟，由于梁、柱上下弦杆为通长杆件，在节点处没有单元结点，梁、柱与腹杆的连接采用节点自由度耦合方式，柱底采用节点 6 个自由度全部约束的固结方式。所建立的模型如图 5-18 所示，基本传力路径为：屋面荷载→纵梁→端横梁→立柱→基础，其中中横梁起到横向连接三片纵梁和分配竖向荷载的作用。

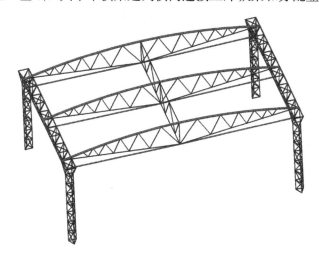

图 5-18　屋盖结构计算模型图

5.3.3　荷载分析

按照赛题规则，本次加载采用静荷载形式，所加荷载为屋面全跨均布荷载，荷重用软质塑胶运动地板模拟。ANSYS 计算分析中，忽略所加恒载塑胶运动地板的弯曲刚度，荷载分布根据各片纵梁分摊的地板面积计算，纵梁节点集中荷载按照纵梁分担的总荷载沿纵梁长度方向进行二次分配，得到作用在纵梁各节点处的集中力。不同加载阶段、不同加载级数下的荷载分配情况如表 5-4 所示，ANSYS 计算分析过程如图 5-19～图 5-22 所示。

荷载分配情况　　　　　　　　　　　　　　　　　　表 5-4

加载阶段	加载级数	加载总质量(kg)	加载总荷载(N)	边梁荷载(N)	中梁荷载(N)
第一阶段	第 1 级	7	68.6	20.70	27.21
	第 2 级	15	147.0	44.35	58.30
第二阶段	第 1 级	31	303.8	91.66	120.48
	第 2 级	35	343.0	103.49	136.03

图 5-19 为第一阶段第 1 级施加的荷载。总的竖向反力为 72.87N，与预定的施加竖向荷载总和之比为 72.87/68.6＝1.06，超出部分为 6％，由小数点误差引起。

图 5-20 为第一阶段第 2 级施加的荷载。总的竖向反力为 156.18N，与预定的施加竖向荷载总和之比为 156.18/147.0＝1.06，超出部分为 6％，由小数点误差引起。

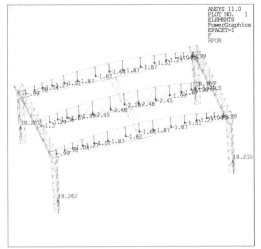

图 5-19　第一阶段第 1 级施加的荷载（N）　　　　图 5-20　第一阶段第 2 级施加的荷载（N）

图 5-21 为第二阶段第 1 级施加的荷载。总的竖向反力为 322.72N，与预定的施加竖向荷载总和之比为 322.72/303.8＝1.06，超出部分为 6％，由小数点误差引起。

图 5-22 为第二阶段第 2 级施加的荷载。总的竖向反力为 364.43N，与预定的施加竖向荷载总和之比为 364.43/343.0＝1.06，超出部分为 6％，由小数点误差引起。

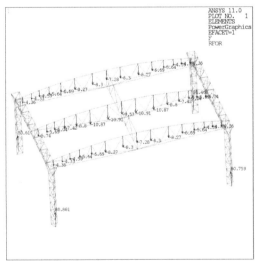

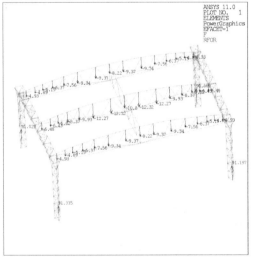

图 5-21　第二阶段第 1 级施加的荷载（N）　　　　图 5-22　第二阶段第 2 级施加的荷载（N）

5.3.4　内力计算

根据图 5-19～图 5-22 所加节点集中荷载，分别计算了不同加载阶段、不同加载级数时模型的轴力和弯矩，第一阶段第 1 级加载内力计算结果如图 5-23 所示，第一阶段第 2 级加载内力计算结果如图 5-24 所示，第二阶段第 1 级加载内力计算结果如图 5-25 所示，第二阶段第 2 级加载内力计算结果如图 5-26 所示。从图中可以看出：

（1）最大轴力出现在纵梁上弦杆，最大弯矩出现在纵梁端部上弦杆，最大拉力出现在

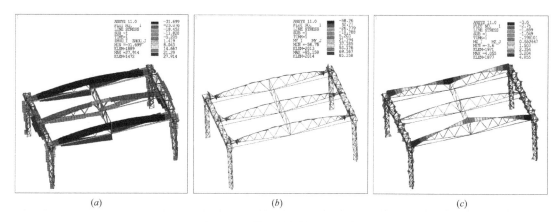

(a) (b) (c)

图 5-23 第一阶段第 1 级加载

(a) 轴力（N）；(b) 竖向弯矩（N·mm）；(c) 横向弯矩（N·mm）

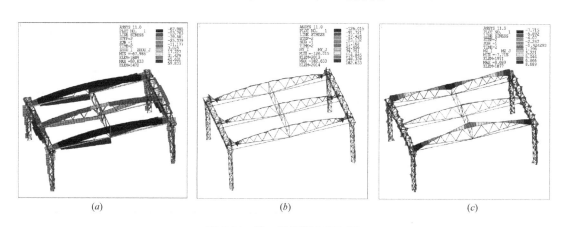

(a) (b) (c)

图 5-24 第一阶段第 2 级加载

(a) 轴力（N）；(b) 竖向弯矩（N·mm）；(c) 横向弯矩（N·mm）

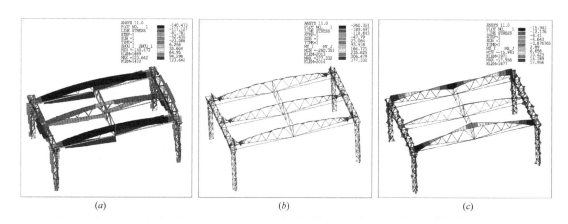

(a) (b) (c)

图 5-25 第二阶段第 1 级加载

(a) 轴力（N）；(b) 竖向弯矩（N·mm）；(c) 横向弯矩（N·mm）

纵梁下弦杆以及端横梁跨中下弦杆等部位；

（2）边纵梁受力大于中间纵梁；

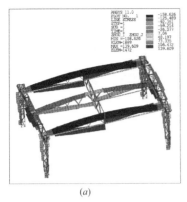

(a)   (b)   (c)

图 5-26　第二阶段第 2 级加载

（a）轴力（N）；（b）竖向弯矩（N·mm）；（c）横向弯矩（N·mm）

（3）各杆件内力的大小顺序并不随屋面恒载的增大而改变。

5.3.5　挠度计算

利用 ANSYS 计算了各加载阶段和加载级数下的挠度响应，结果如图 5-27～图 5-30 所示。图 5-27 和图 5-28 表明，第一阶段第 1 级加载挠度计算结果为 1.8mm，第一阶段第 2 级加载挠度计算结果为 3.86mm，计算结果满足第一阶段第 2 级加载容许挠度 4mm 的竞赛规定。图 5-29 和图 5-30 表明，第二阶段第 1 级加载挠度计算结果为 7.98mm，第二阶段第 2 级加载挠度计算结果为 9.01mm，最大挠度点均在中间纵梁的跨中附近。

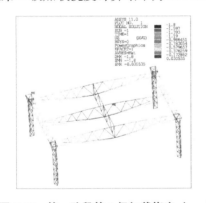

图 5-27　第一阶段第 1 级加载挠度（mm）　　**图 5-28　第一阶段第 2 级加载挠度（mm）**

5.3.6　承载力验算

（1）轴力承载力

根据图 5-23～图 5-26 ANSYS 轴力计算分析结果，得到屋盖中纵梁上弦、纵梁下弦、横梁下弦最大轴力如表 5-5 所示。通过材料的容许应力验算轴力承载力，选取最不利的工况第二阶段第 2 级加载进行验算。

1）纵梁上弦

截面参数：截面参数计算结果如图 5-31 所示。计算输入单元实常数时 y、z 轴互换，为扁平放置。

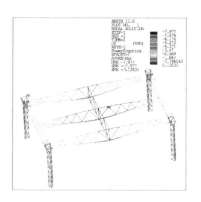

图 5-29　第二阶段第 1 级加载挠度（mm）

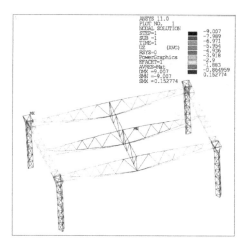

图 5-30　第二阶段第 2 级加载挠度（mm）

屋盖杆件最大轴力（N）　　　　　　　　　　　　表 5-5

加载阶段	纵梁上弦	纵梁下弦	横梁下弦
第一阶段第 1 级	−31.699	27.914	—
第一阶段第 2 级	−67.985	59.833	—
第二阶段第 1 级	−140.473	123.642	123.642
第二阶段第 2 级	−158.626	139.609	139.609

注：负号表示受压，正号表示受拉。

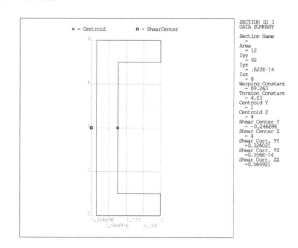

图 5-31　纵梁上弦杆截面

轴力承载力：

木材顺纹抗压强度 $[\sigma]=65\mathrm{MPa}$

$[N]=[\sigma]A=65\times12=780\mathrm{N}>158.626\mathrm{N}$，轴力承载力满足要求。

2）纵梁下弦

截面参数：截面参数计算结果如图 5-32 所示。

轴力承载力：

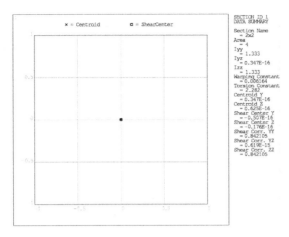

图 5-32 纵梁下弦截面

木材顺纹抗拉强度 $[\sigma]=150\text{MPa}$

$[N]=[\sigma]A=150\times4=600\text{N}>139.609\text{N}$，轴力承载力满足要求。

3）横梁下弦

截面参数：截面参数计算结果如图 5-33 所示。

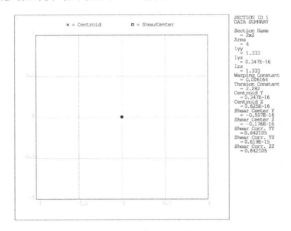

图 5-33 横梁下弦截面

轴力承载力：

木材顺纹抗拉强度 $[\sigma]=150\text{MPa}$

$[N]=[\sigma]A=150\times4=600\text{N}>139.609\text{N}$，轴力承载力满足要求。

(2) 弯矩承载能力

根据图 5-23～图 5-26 ANSYS 弯矩计算分析结果，得到屋盖纵梁上弦竖向和横向最大正负弯矩如表 5-6 所示。通过材料的容许应力验算弯矩承载力，取最不利的工况第二阶段第 2 级加载进行验算。

1）纵梁上弦竖向弯矩（上缘受拉，下缘受压）

木材顺纹抗拉强度 $[\sigma_拉]=150\text{MPa}$，木材顺纹抗压强度 $[\sigma_压]=65\text{MPa}$

按上缘受拉验算：$[M]_{max}=[\sigma_拉]W_上=[\sigma_拉]I/y_上=150\times8/2=600\text{N}\cdot\text{mm}>426.114$ $\text{N}\cdot\text{mm}$，满足要求。

加载阶段	纵梁上弦竖向弯矩	纵梁上弦竖向弯矩	纵梁上弦横向弯矩	纵梁上弦横向弯矩
第一阶段第1级	85.158	−58.760	4.055	−3.600
第一阶段第2级	182.633	−126.015	8.689	−7.715
第二阶段第1级	377.332	−260.351	17.956	−15.943
第二阶段第2级	426.114	−294.012	20.276	−18.003

按下缘受压验算： $[M]_{\max}=[\sigma_压]W_下=[\sigma_压]I/y_下=65×8/1=520\text{N·mm}>$ 294.012N·mm ，满足要求。

2）纵梁上弦竖向弯矩（上缘受压，下缘受拉）

木材顺纹抗拉强度 $[\sigma_拉]=150\text{MPa}$，木材顺纹抗压强度 $[\sigma_压]=65\text{MPa}$

按上缘受压验算： $[M]_{\max}=[\sigma_压]W_上=[\sigma_压]I/y_上=65×8/2=260\text{N·mm}<$ 294.012N·mm ，弯矩不满足要求，可能进入塑性范围。

按下缘受拉验算： $[M]_{\max}=[\sigma_拉]W_下=[\sigma_拉]I/y_下=150×8/1=1200\text{N·mm}>$ 426.114N·mm ，满足要求。

3）纵梁上弦横向弯矩（左侧受拉，右侧受压）

木材顺纹抗拉强度 $[\sigma_拉]=150\text{MPa}$，木材顺纹抗压强度 $[\sigma_压]=65\text{MPa}$

按左侧受拉验算： $[M]_{\max}=[\sigma_拉]W_左=[\sigma_拉]I/y_左=150×92/4=3450\text{N·mm}>$ 20.276N·mm ，满足要求。

按下缘受压验算： $[M]_{\max}=[\sigma_压]W_右=[\sigma_压]I/y_右=65×92/4=1495\text{N·mm}>$ 18.003N·mm，满足要求。

(3) 容许应力

利用 ANSYS 计算分析得到的结果判断应力是否超标，由于第二阶段第2级加载的荷载最大，因此选取第二阶段第2级加载判断应力是否满足要求。

1）轴向应力

第二阶段第2级加载轴向应力如图5-34所示，最大拉应力出现在纵梁下弦杆，最大拉应力为 $\sigma_拉=34.902\text{MPa}<$ 木材顺纹抗拉强度 $[\sigma_拉]=150\text{MPa}$；最大压应力出现在柱顶部和底部，最大压应力为 $\sigma_压=-19.534\text{MPa}<$ 木材顺纹抗压强度 $[\sigma_压]=65\text{MPa}$，满足要求。

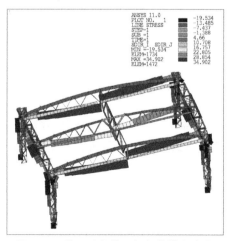

图5-34 第二阶段第2级加载轴向应力

2）横向弯曲应力

第二阶段第2级加载横向弯曲应力如图5-35所示，最大拉应力出现在立柱竖杆，最大拉应力为 $\sigma_拉=4.649\text{MPa}<$ 木材顺纹抗拉强度 $[\sigma_拉]=150\text{MPa}$；最大压应力出现在立柱竖杆，最大压应力为 $\sigma_压=-4.562\text{MPa}<$ 木材顺纹抗压强度 $[\sigma_压]=65\text{MPa}$，满足要求。

3）竖向弯曲应力

第二阶段第2级加载上缘竖向弯曲应力如图5-36（a）所示，最大拉应力出现在纵梁上弦

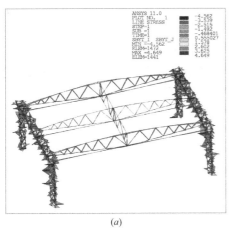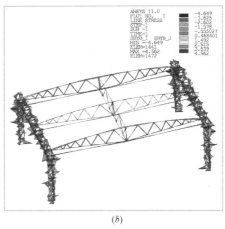

(a)   (b)

图 5-35　第二阶段第 2 级加载横向弯曲应力

(a) 上缘；(b) 下缘

杆，最大拉应力为 $\sigma_{拉} = 79.896\text{MPa} <$ 木材顺纹抗拉强度 $[\sigma_{拉}] = 150\text{MPa}$；最大压应力出现在纵梁上弦杆，最大压应力为 $\sigma_{压} = -55.127\text{MPa} <$ 木材顺纹抗压强度 $[\sigma_{压}] = 65\text{MPa}$，满足要求。

第二阶段第 2 级加载下缘竖向弯曲应力如图 5-36（b）所示，最大拉应力出现在纵梁上弦杆，最大拉应力为 $\sigma_{拉} = 55.127\text{MPa} <$ 木材顺纹抗拉强度 $[\sigma_{拉}] = 150\text{MPa}$；最大压应力出现在纵梁上弦杆，最大压应力为 $\sigma_{压} = -79.896\text{MPa} >$ 木材顺纹抗压强度 $[\sigma_{压}] = 65\text{MPa}$，纵梁上弦杆材料局部进入塑性。由于第二阶段第 2 级加载属于承载力极限状态验算工况，允许杆件进入塑性，因此也能满足设计要求。

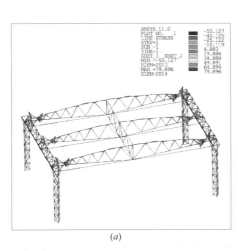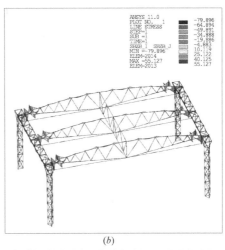

(a)   (b)

图 5-36　第二阶段第 2 级加载竖向弯曲应力

(a) 上缘；(b) 下缘

表 5-7 为挠度、内力和应力计算结果汇总表。其中括号内数值为加载实测值，其余为计算结果。计算分析表明，所设计制作的屋盖结构模型满足竞赛规则规定的正常使用极限

状态挠度限值要求和承载力极限状态的承载力要求，并具有一定的安全余量。结构利用了预应力张弦桁架梁的设计理念，同时使用了桁架结构横梁和立柱，使结构各部分在屋面均布荷载作用下基本处于轴向受力状态，部分杆件（纵梁上弦杆、端横梁、立柱）出现了弯矩，应力验算基本处于弹性，部分受压杆件进入了塑性，充分利用了材料性能。模型设计质量约145g，第一阶段挠度约3.9mm，具有较强的竞争力。

挠度、内力、应力计算结果汇总表

表 5-7

工况		挠度			内力			应力		
		竖向挠度（mm）	轴力（N）	竖向弯矩（N·mm）	横向弯矩（N·mm）	轴向（MPa）	横向弯曲上缘（MPa）	横向弯曲下缘（MPa）	竖向弯曲上缘（MPa）	竖向弯曲下缘（MPa）
第一阶段	第1级	1.80（1.79）	31.70	85.16	4.06	6.98	0.93	0.93	15.967	15.967
	第2级	3.86(3.85)	67.99	182.63	8.69	14.96	1.99	1.99	34.244	34.244
第二阶段	第1级	7.98	140.47	377.33	17.96	30.91	4.12	4.12	70.750	70.750
	第2级	9.00	158.63	426.11	20.28	34.90	4.65	4.65	79.896	79.896

第6章 海洋平台模型设计制作与分析

6.1 模型设计制作背景

海洋平台是为海上钻井、集运、观测、导航、施工等活动提供生产和生活设施的重要构筑物，在我国海洋经济的开发与利用中具有广泛的使用前景。2012 年浙江省第十一届大学生结构设计竞赛以海洋平台结构设计与模型制作为题目，寻求海洋平台在风荷载作用下的最佳建筑结构形式。

模型制作采用的主要材料为竹材和 502 胶水。按需要的结构特性和工作状态，模型可选桩基式固定平台或半潜式浮动平台。具体的结构形式由参赛者自行选定。桩基式固定平台由上部结构和下部桩基结构组成，下部桩基结构可用高桩形式直接插入海底。半潜式浮动平台主要由上部结构和下潜体组成，作业时下潜体潜入水下一定深度提供浮力，平面位置可用锚缆固定。

海洋平台甲板和有效工作空间统一简化为有效荷载加载箱（作为比赛时的垂直荷载加载装置和风荷载迎风面），如图 6-1 所示。套上有效荷载加载箱后，海洋平台顶面（即加载箱顶面）相对标高应为 (0.600 ± 0.025)m（高限以平台顶面最高点计，低限以平台顶面最低点计，设模型安放前水面的高程为 ± 0.000m），如图 6-2 所示。桩基式固定平台海底以下部分桩基限定在 500mm×500mm 的正方形平面范围内。半潜式浮动平台可用不多于 3 个锚缆定位，单个锚缆由 1 个 M30×60 不锈钢螺栓、3 个 M30 镀锌螺母和 1.5m 装订线组成。

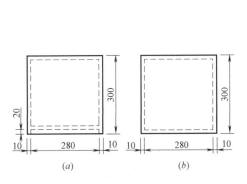

图 6-1 有效荷载加载箱详图

（a）正视图；（b）俯视图

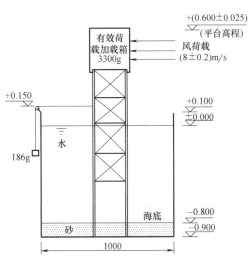

图 6-2 模型及加载示意图

加载水池内壁尺寸为 1000mm（长）×1000mm（宽）×1000mm（高），池内底部铺设厚约 100mm 的标准砂。有效荷载加载箱质量为 3.3kg，外部尺寸为 300mm×300mm×300mm，材质为有机玻璃，厚度为 10mm，加载时直接嵌套到模型上部结构的顶端，作为垂直加载装置。水平恒载通过砝码和定滑轮体系施加，砝码质量为 186g。水平恒载作用于＋0.150m 高程模型侧面的套圈上。水平风荷载使用轴流风机加载，迎风面（有效荷载加载箱的侧面）面积 300mm×300mm。加载箱处于水池平面中心上方设计高程时，其侧面中心的设计风速为（8.0±0.2）m/s。风荷载与水平恒载同向。

6.2 加载程序与评分规则

6.2.1 加载程序

安装模型前，先由专家组随机确定模型的加载方向。模型入水后，先安放扶稳结构模型，再在顶部套上有效荷载加载箱，然后由工作人员检查平台顶面高程是否满足设计要求。半潜式浮动平台可用至多 3 个锚缆定位。每个锚缆只能从水面高度一次性自由放下，锚缆可以抛在加载水池内海底的任何位置。锚缆调整完毕后松手。然后在＋0.150m 高程模型侧面的套圈上施加水平恒载。最后对准设计迎风面的几何中心开启轴流风机，在水平恒载的相同方向上施加风荷载。加载 60 s 后平台模型不失效，则加载成功，模型在加载水池中安装和比赛的整个过程，参赛队员的双手不能触碰到水面。有下列任一情况的，均认定模型加载失效：

(1) 平台顶面高程不符合设计要求；
(2) 桩基式固定平台海底以下部分桩基超出限定范围；
(3) 有效荷载加载箱脱落；
(4) 模型和有效荷载加载箱的任意部位因移位或倾覆等原因触及池壁；
(5) 专家组认定违规。

6.2.2 加载评分规则

加载试验满分为 70 分，模型加载试验得分值按 $70 \times (m_{min}/m)$ 计算，其中 m_{min} 为参赛队中加载成功的最小模型质量（g）；m 为该模型质量（g）。锚缆质量不计入模型质量。

6.3 模型设计与制作过程

6.3.1 总体设计思路

模型设计时，采用功能分散的设计原则，将主体结构分为承担荷载体系和抗倾覆抗扭转体系。试验发现：如果单纯承担静荷载，利用单一的超强杆件比利用空间桁架或者框架等分布受力的结构体系节约材料。因此，模型总体方案采用 11mm×11mm 的空心杆在中间集中支撑全部静荷载；出于结构的稳定性考虑，模型上部和下部采用四棱锥形，锥体杆件采用等边的 L 形杆，上下两个四棱锥的四个角分别用宽 2mm 的木片相连，保证棱锥底面水平；利用两根斜拉片交叉相拉，防止模型产生过大的扭转变形；依靠连接上下两个四棱锥的斜拉杆加强模型的整体性，保证结构受力安全。海洋平台模型总体方案如图 6-3 所示。

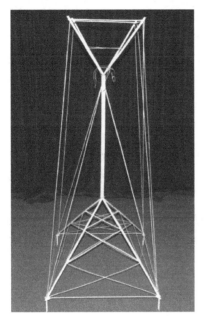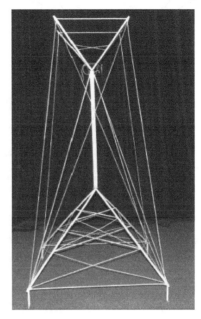

图 6-3　海洋平台模型总体方案

6.3.2　主要构件设计与结构图

（1）上部支撑加载箱的倒四棱锥（见图 6-4）

图 6-4（b）中，构件 1 为厚 3mm 的薄片，起约束四根支撑角杆的作用。构件 2 为边长 5mm、厚 1mm 的等边角杆，起支撑加载箱的作用。构件 3 为宽 7mm、厚 1mm 的薄片，因为比较短，具有一定的刚性，起约束支撑杆 2 的作用。

（2）下部正四棱锥（见图 6-5）

图 6-5（b）中，构件 1 为边长 7mm、厚 1mm 的等边角杆。构件 2 为截面尺寸为

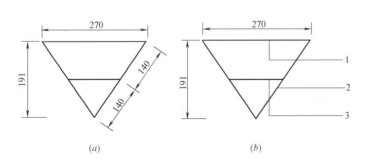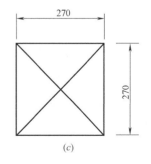

图 6-4　上部倒四棱锥三视图

（a）正视图；（b）侧视图；（c）俯视图

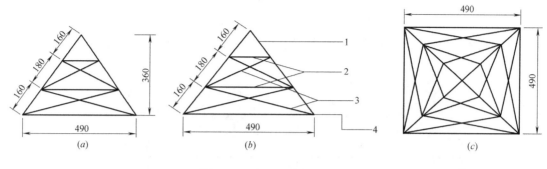

图 6-5　下部正四棱锥三视图

(*a*) 正视图；(*b*) 侧视图；(*c*) 俯视图

3mm×3mm 的木条，既能传递拉力也能传递压力。构件 3 为起约束作用的细木条，截面尺寸为 1mm×1mm。构件 4 为宽 3mm、厚 1mm 的细木片，对下部支撑起约束作用。

上下两个起支撑作用的四棱锥由一根截面尺寸为 11mm×11mm、长 550mm 的空心杆连接，承受压力。上部支撑结构、下部支撑结构、空心杆这三大结构体系由细木片连接成为一个整体，细木片在组装过程中施加预拉力，保持结构的整体性。

(3) 整体结构三视图 (见图 6-6)

图 6-6 中，构件 1 的数量为两根，截面尺寸为 1mm×2mm，只在其中一个侧面交叉安装，作用是防止结构扭转。构件 2 为连接上下四棱锥四个角的细片，截面尺寸同样为 1mm×2mm，作用是使上下平台连成一体，保持上部承台面水平，防止倾斜。构件 3 为防止中柱倾斜的细片，共四根，截面尺寸为 1mm×2mm，该细片与底部结构相连接，可提高整体的抗倾覆能力。构件 4 为中柱，截面尺寸为外径 11mm×11mm、内径 10mm×

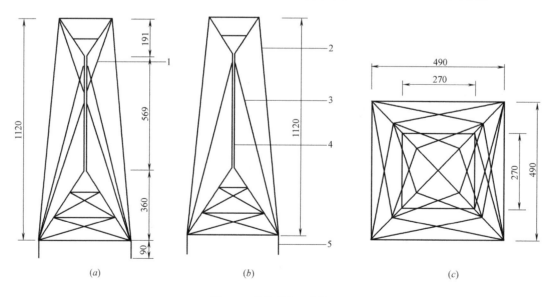

图 6-6　整体结构三视图

(*a*) 正视图；(*b*) 侧视图；(*c*) 俯视图

10mm 的空心杆，理论上只承受压力。构件 5 为桩尖，起抗拔和支撑作用，截面尺寸与下部结构的主杆相同为边长 7mm 的等边角杆，长 95mm，内角采取倒钩状的抗拔部件，在完全插入砂子时大大提高整体的抗倾覆能力。

6.3.3 其他构件设计

(1) 节点

节点处理方式如图 6-7 所示。由于杆件之间连接面倾斜，因此在连接面上设置楔子垫，以保持粘结面与受力面持平，如图 6-7 (a) 所示。对于关键节点，在 502 胶水粘结的基础上，混合粉末加固，确保粘结牢固，如图 6-7 (b) 所示。

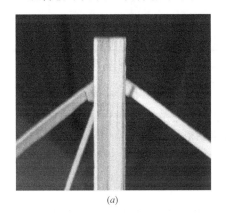 

(a)   (b)

图 6-7 节点处理方式

(a) 节点楔子垫；(b) 粉末加固

(2) 桩

为便于将桩插入池底砂子中，提高桩的抗拔能力，对其进行了特殊设计：①采用角型截面以增大桩与砂子的接触面，提高摩擦力。②设置倒钩形楔子，增强抗拔效果。③在桩的顶端设置小块木片，起承台作用，防止模型下插达到设计深度后继续沉入。桩整体构造见图 6-8。

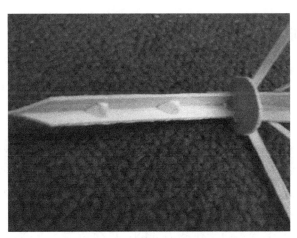

图 6-8 桩整体构造图

6.4 受力计算与分析

6.4.1 材料规格与性能

本次竞赛所用材料为竹材，竹材规格、用量及参考力学指标如表 6-1 所示。

竹材规格、用量及参考力学指标（制作海洋平台模型） 表 6-1

竹材规格(mm)	用量	密度	顺纹抗拉强度	抗压强度	弹性模量
1000×55×1	7 片				
1000×2×2	85 根	0.789g/cm³	150MPa	65MPa	10GPa
1000×3×3	45 根				

6.4.2 荷载计算

根据赛题规定，作用在结构上的荷载有三种：一是结构顶部质量为 3.3kg 的加载箱自重（33N）；二是质量为 186g 的砝码实施的水平恒载（1.86N）；三是轴流风机施加的水平风荷载，风速为 (8.0±0.2)m/s。荷载作用位置如图 6-2 所示。风荷载大小根据伯努利方程确定：

$$w_p = 0.5 \times \gamma_0 \times v^2 \tag{6-1}$$

式中 w_p——风压；

γ_0——标准状态下的空气密度；

v——风速。

$$F = w_p \cdot s \tag{6-2}$$

式中 s——迎风面积，用有效荷载加载箱的侧面面积计算。

代入数据得：$F = 0.5 \times 1.225 \times 8^2 \times 0.3^2 = 3.53N$。

6.4.3 有限元分析

模型为超静定三维空间结构，采用大型通用有限元商业软件 ANSYS 进行建模分析。计算基本假设包括：①加载过程中所有杆件均处于弹性状态，不考虑材料塑性；②所有节点连接均为刚性连接；③不考虑材料自重。

(1) 轴力分析

图 6-9 为 ANSYS 轴力分析结果。图中显示，上部杆件所受的最大轴力大约为 16N，中间杆件所受的最大轴力大约为 58N，下部结构所受的最大轴力大约为 20N，内侧拉索的最大拉力大约为 10.9N，外侧拉索的最大拉力大约为 3N。

(2) 倾覆分析

结构的荷载分为三部分：静压荷载为 33N，风荷载为 3.53N，水平拉力为 1.86N。静压荷载的抗倾覆力矩为 33×245＝8085N·mm；以砂子平面为支撑面，风荷载的倾

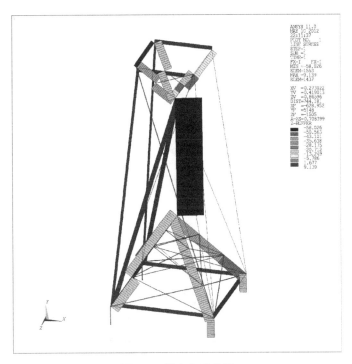

图6-9　轴力分析结果

覆力矩为 $3.53 \times 1250 = 4412.5N \cdot mm$；水平恒载的倾覆力矩为 $1.86 \times 950 = 1767$ $N \cdot mm$。

$$8085N \cdot mm > 6179.5 \ N \cdot mm(4412.5 + 1767)$$

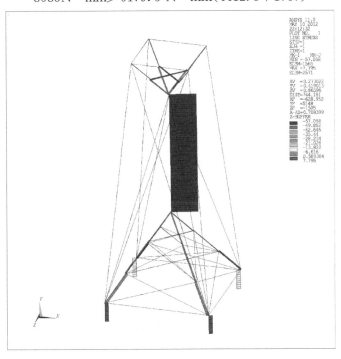

图6-10　扭矩分析结果

因此，在忽略桩基摩擦力的情况下，加载箱自重的抗倾覆力矩仍大于水平倾覆力矩之和，模型理论上不会倾覆。

（3）扭转分析

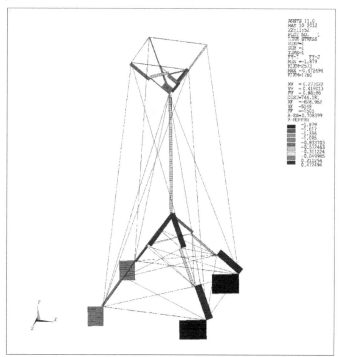

图6-11　F_Y 剪力分析结果

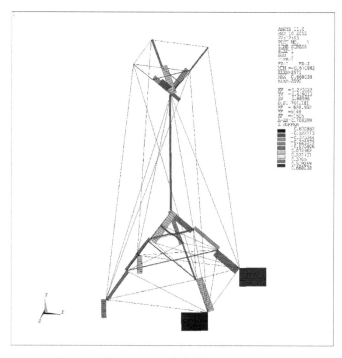

图6-12　F_Z 剪力分析结果

本方案中，四周设置的拉索为结构的主要抗扭转单元。图 6-10 为荷载作用下结构扭矩分析结果。从图中可以看出，结构的最大扭矩为 57.058N·m，抗扭拉索的有效力臂约为 245mm，拉索受到的拉力约为 58.22N，最大应力约为 29.11MPa，小于材料的抗拉强度，结构抗扭设计满足要求。

（4）剪力分析

在水平荷载作用下，主要杆件承受一定的剪力，图 6-11、图 6-12 分别为荷载作用下 F_Y 和 F_Z 方向的剪力图。从图中可以看出，最大剪力为 -1.879N，作用在桩尖位置处。由于桩身整体插入砂中，因此仅需对桩尖节点进行加固（粉末加固），确保节点不被剪断。

（5）弯矩分析

荷载作用下，模型绕 Y 轴和 Z 轴的弯矩图分别如图 6-13、图 6-14 所示。从图中可以看出，绕 Y 轴的最大正负弯矩大约为 30N·m，绕 Z 轴的最大正弯矩约为 117N·m，最大负弯矩约为 68N·m。

（6）应力分析

轴力和弯矩共同作用下，模型各杆件的应力分布如图 6-15、图 6-16 所示。从图中可以看出，迎风面中柱的两根拉索所受的最大拉应力为 1.772MPa，受压杆件应力绝对值最大值为 8.537MPa，均小于材料的设计强度。

6.4.4 位移估算

荷载作用下的位移如图 6-17 所示。从图中可以看出，最大水平位移大约为 6mm。在本方案中，模型具有较好的韧性和抗变形能力，因此位移能满足要求。

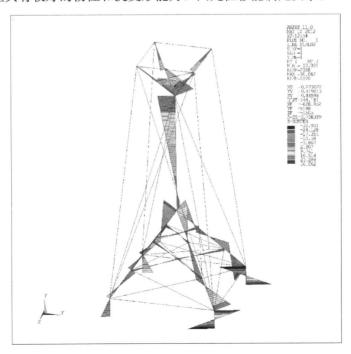

图 6-13　绕 Y 轴的弯矩图

图 6-14 绕 Z 轴的弯矩图

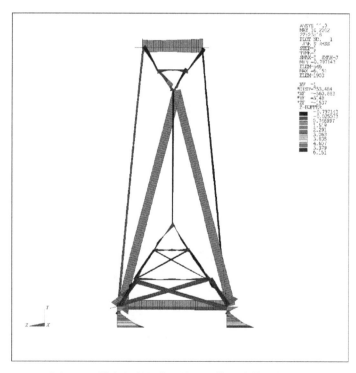

图 6-15 轴力和弯矩共同作用下截面的最小应力图

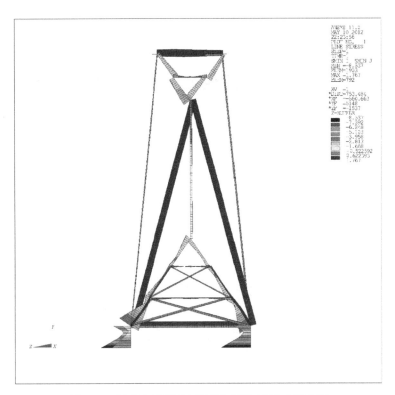

图 6-16　轴力和弯矩共同作用下截面的最大应力图

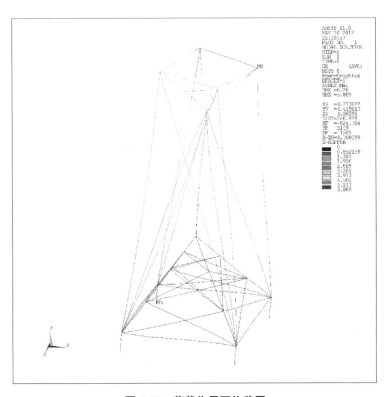

图 6-17　荷载作用下位移图

第7章 广告牌模型设计制作与分析

7.1 模型设计制作背景

当今社会，广告无处不在。广告牌作为发布广告的重要载体，在工程中应用十分广泛。浙江省第十二届大学生结构设计竞赛以广告牌结构设计与模型制作为题目，寻求广告牌在风荷载作用下的合理形式。

竞赛要求广告牌支撑结构的高度为（1000±3）mm，其水平投影尺寸不得超出 300mm×300mm 范围。广告牌的外围水平投影为等边三角形，边长（800±3）mm；广告牌面板高度（200±3）mm，面板采用纸（纸质为 70g/m²）覆面（详见图 7-1）。立柱广告牌模型结构形式不限，参赛队提交作品时须将模型固定在组委会统一提供的底板上，底板为 500mm×500mm 的实木板。模型制作材料为集成竹材，构件粘结材料为 502 胶水。

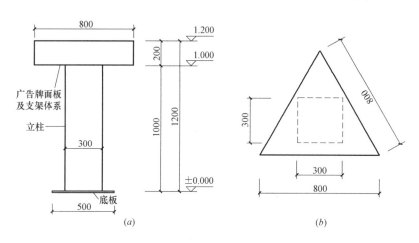

图 7-1 广告牌模型设计尺寸要求

(a) 立面尺寸要求；(b) 水平投影尺寸要求

7.2 加载程序与评分规则

7.2.1 加载程序

广告牌承受的荷载主要为风荷载，由低噪声轴流式通风机施加。加载时，由参赛队员将模型安放在加载试验平台指定位置，并将模型底板固定住。整个加载过程分三级进行：第一级加载风速为 8m/s，加载时间为 30s；第二级加载风速为 10m/s，加载时间为 30s；

第三级加载风速由参赛队员自行选择，可选 12m/s 或 14m/s，加载时间为 30s。在任一级加载试验中，当模型出现以下任一情况时，即视为加载失效，退出比赛：

(1) 广告牌材料破损；

(2) 模型整体出现倾覆或明显滑移；

(3) 模型标高 1.000m 处位移值超过 100mm；

(4) 专家认为模型加载失效的情况。

7.2.2　加载评分规则

加载试验满分为 80 分，按下列公式计算：

$$S = \frac{\alpha}{\alpha_{max}} \times 80 \tag{7-1}$$

$$\alpha = \frac{V^2}{M} \tag{7-2}$$

式中　V——本模型加载成功所通过的最高风速（m/s）；

　　　M——本模型的质量（kg）；

　　　α_{max}——加载成功的模型中的最大 α 值。

7.3　模型设计与制作过程

7.3.1　总体设计思路

根据竞赛规则，从模型的材料特性、加载形式和实际制作等方面综合考虑，结合理论分析和系列试验，考虑采用框架和拉索组合结构体系。主体支撑体系采用框架结构，框架外侧对称分布六根预应力拉索（杆），在风荷载作用下迎风面拉杆受拉，用于平衡风荷载，使框架部分主要受竖向压力。另一方面，所有拉杆延长线交于风荷载平面中心点，以提高模型的抗扭转能力。

7.3.2　结构选型

初期方案考虑采用传统框架结构，这种结构的优点为刚度较大、稳定性高、制作简单。但缺点也显而易见，遭受风荷载时，迎风面结构杆件受拉，背风面结构杆件受压。由于竹材受拉性能远远好于受压性能（均为细长杆件），再考虑风向的随机性（专家指定加载方向），支撑结构的所有主杆必须做粗，需要较多材料，不利于获得好的竞赛成绩。因此，综合考虑增设一种抗拉体系，用较细的杆件作为拉杆，使主要支撑结构始终保持受压状态（见图 7-2），最大限度地发挥材料性能。

图 7-2 中拉索与框架混合结构体系充分利用了受力集中的原理，中柱为主要受压构件，外围拉索起到抵消风力的作用。在风荷载的作用下，迎风面拉索受力，背风面拉索松弛，主要支撑结构受压平衡拉索的竖向分力，此时虽然背风面拉索总体抗拉作用较小，但可防止结构整体扭转，减小结构的受风震动。图 7-3 为广告牌模型实物图。

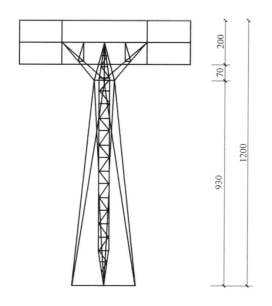

图 7-2　拉索与框架混合结构体系

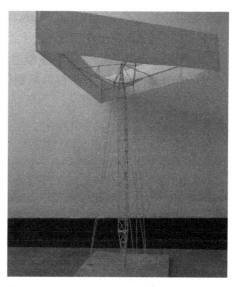

图 7-3　广告牌模型实物图

7.3.3　主要构件设计

（1）格构中柱（见图 7-4）

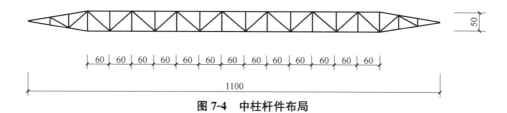

图 7-4　中柱杆件布局

（2）广告牌牌面骨架

广告牌牌面骨架布置见图 7-5。广告牌模型主要杆件样式与尺寸见表 7-1。

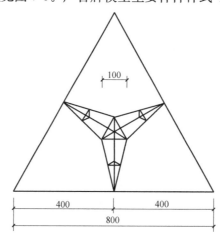

图 7-5　广告牌牌面骨架布置图

截面编号	示意颜色	截面样式	截面尺寸(mm)
G1		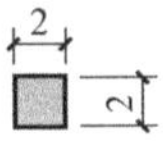 2×2 图示	2×2
G2		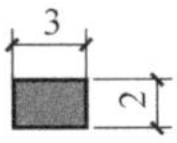 2×3 图示	2×3
G3		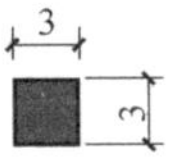 3×3 图示	3×3
G4		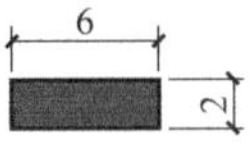 2×6 图示	2×6

注：各杆件长度由定位控制。

7.4 受力计算与分析

7.4.1 材料规格与性能

本次竞赛所用材料为集成竹材，竹材规格、用量及参考力学指标如表 7-2 所示。

竹材规格、用量及参考力学指标（制作广告牌模型） 表 7-2

竹材规格(mm)	用量(根)	密度	顺纹抗拉强度	抗压强度	弹性模量
900×3×3	20				
900×2×6	20	$0.789g/cm^3$	150MPa	65MPa	10GPa
900×3×2	29				
900×2×2	29				

7.4.2 风荷载计算

根据赛题规定，对结构施加风荷载，加载分三级进行：第一级加载风速为 8m/s，加载时间为 30s；第二级加载风速为 10m/s，加载时间为 30s；第三级加载风速由参赛队员自行选择，可选 12m/s 或 14m/s，加载时间为 30s。风荷载大小根据伯努利方程确定见公式（6-1）。取最大风速计算得 $w_p=0.12kN/m^2$。

7.4.3 有限元分析

模型为超静定三维空间结构，采用大型通用有限元商业软件 ANSYS 进行建模分析。计算基本假设包括：①加载过程中所有杆件均处于弹性状态，不考虑材料塑性；②所有节点连接均为刚性连接；③不考虑材料自重。

单元类型包括 Link10、Shell63、Beam188 等，参数包括截面的高度、宽度、面积和截面惯性矩。

（1）加载工况

考虑到加载方向由专家指定，为此选择三个典型角度进行加载，分别是垂直迎风面（工况 1）、针对尖角（工况 2）、平行某一面（工况 3），具体风向如图 7-6 所示。

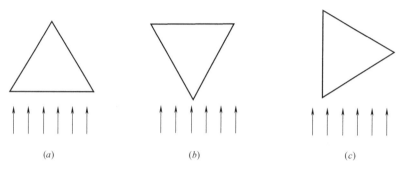

（a）   （b）   （c）

图 7-6　加载工况示意图

（a）工况 1；（b）工况 2；（c）工况 3

（2）工况 1 分析结果

工况 1 条件下结构的位移、轴力、弯矩分布如图 7-7～图 7-9 所示。从图中可以看出，这种情况下，结构最大位移约为 57mm；杆件最大拉力为 84.171N，最大压力为 62.118N，根据杆件截面面积可推算出中央格构柱的压应力为 6.9MPa，拉应力为 21.04MPa，均小于材料的设计强度；格构柱节点处的弯矩数值较小，可以忽略。

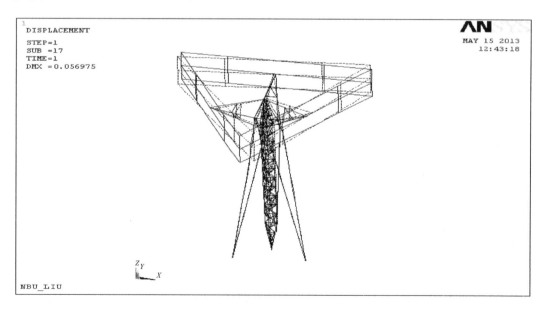

图 7-7　工况 1 条件下的位移分布（m）

（3）工况 2 分析结果

工况 2 条件下结构的位移、轴力、弯矩分布如图 7-10～图 7-12 所示。从图中可以

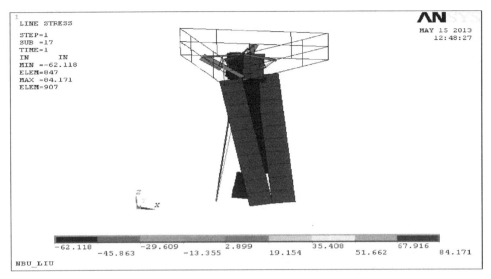

图 7-8　工况 1 条件下的轴力分布（N）

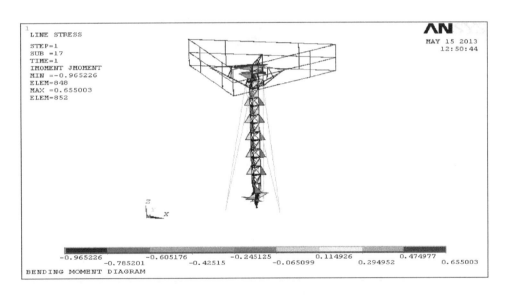

图 7-9　工况 1 条件下的弯矩分布（N·mm）

看出，这种情况下，结构最大位移约为 35mm；杆件最大拉力为 131.294N，最大压力为 106.063N，根据杆件截面面积可推算出中央格构柱的压应力为 11.76MPa，拉索的拉应力为 32.82MPa，均小于材料的设计强度；格构柱节点处的弯矩数值较小，可以忽略。

（4）工况 3 分析结果

工况 3 条件下结构的位移、轴力、弯矩分布如图 7-13～图 7-15 所示。从图中可以看出，这种情况下，结构最大位移约为 76mm；杆件最大拉力为 90.296N，最大压力为 77.066N，根据杆件截面面积可推算出中央格构柱的压应力为 8.55MPa，拉应力为 22.57MPa，均小于材料的设计强度；格构柱节点处的弯矩数值较小，可以忽略。

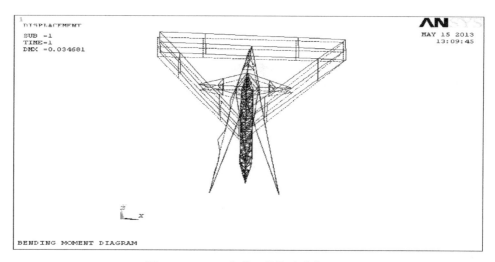

图 7-10 工况 2 条件下的位移分布 (m)

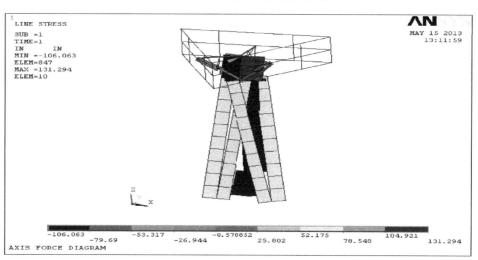

图 7-11 工况 2 条件下的轴力分布 (N)

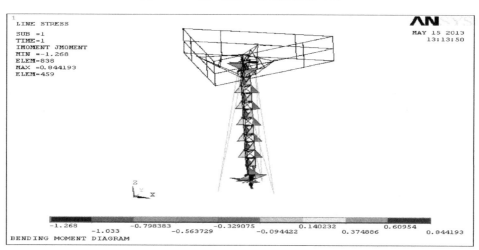

图 7-12 工况 2 条件下的弯矩分布 (N·mm)

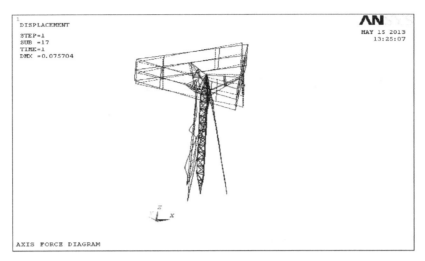

图 7-13 工况 3 条件下的位移分布（m）

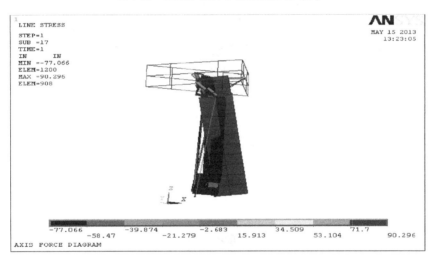

图 7-14 工况 3 条件下的轴力分布（N）

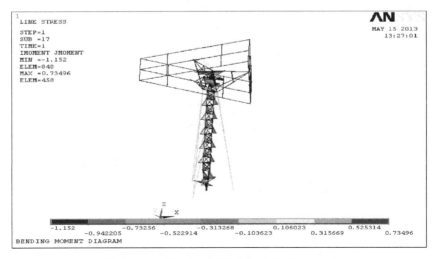

图 7-15 工况 3 条件下的弯矩分布（N·mm）

第8章 高架水塔模型设计制作与分析

8.1 模型设计制作背景

水塔具有调节和稳定水压、贮存和配给用水的功能，长期以来一直是工程中广泛采用的特种结构之一。高架水塔必须具备良好的抗震能力，确保地震作用下的安全，满足人们生产和生活的正常用水需求。浙江省第十三届大学生结构设计竞赛以高架水塔结构设计与模型制作为题目，寻求高架水塔在地震作用下的合理形式。

高架水塔结构模型由水箱和支架结构两部分组成，水箱由组委会统一提供，水箱为4.5L纯净水瓶（参考怡宝4.5L纯净水瓶，直径160mm、高度320mm），水箱（含水）总质量4kg，支架结构由各参赛队设计制作。支架结构形式不限，支架顶面应确保能够固定住水箱，支架顶面距模型底板顶面高度为（1000±5）mm。固定模型的竹底板由组委会统一提供，尺寸为400mm×400mm。模型固定在底板的范围不得超出250mm×250mm。模型尺寸要求见图8-1。模型制作材料为集成竹材，竹材构件之间采用502胶水粘结，同时提供1根长30m、直径1mm的棉蜡线供参赛者选择使用。

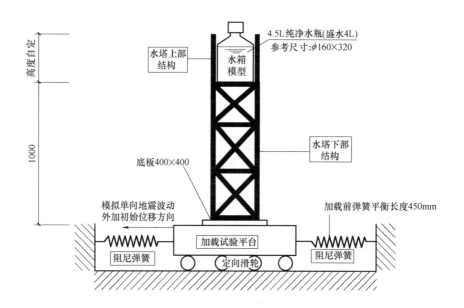

图8-1　高架水塔模型尺寸要求及加载立面示意图

8.2 加载程序与评分规则

8.2.1 加载程序

此次竞赛主要考察高架水塔在地震荷载下的响应。由两根弹簧模拟单向地震波动作用,加载装置如图 8-1 所示。图 8-1 中,加载试验平台质量为 10.25kg,弹簧规格为 $3 \times 25 \times 290$($K=2N/mm$,加载前弹簧平衡长度 450mm)。加载时,参赛队员将模型按专家指定的加载方向安放在加载试验平台指定位置,并固定好模型底板和水箱。加载分三级进行,施加水平初始位移突然放松后,使模型产生水平振动 15s,以检测模型体系的水平抗震性能。第一级加载给定初始位移 10cm,加载时间为 15s;第二、三级加载由各参赛选手在 12cm、14cm、16cm、18cm 中选择初始位移加载,每级加载时间为 15s。在任一级加载试验中,当模型出现以下任一情况的,即视为加载失效,退出比赛:

(1)水箱脱落;

(2)模型整体出现倾覆;

(3)专家认为模型加载失效的情况。

8.2.2 加载评分规则

加载试验满分为 80 分,按下列公式计算:

$$w = \frac{\alpha}{\alpha_{\max}} \times 80 \tag{8-1}$$

$$\alpha = \frac{s^2}{M} \tag{8-2}$$

式中 s——本模型加载成功所通过的最大位移(cm);

M——本模型的质量(kg);

$\alpha_{\max}$——所有加载成功模型中的最大 α 值。

8.3 模型设计与制作过程

8.3.1 总体设计思路

根据竞赛规则,综合考虑材料特点、受荷情况、评分规则等因素,并经大量试验发现:本次结构设计的重点应致力于选择轻质高强结构,充分发挥竹材抗拉性能优良的特点,通过控制构件长细比以增强结构的稳定性。总体设计思路为:

(1)利用 4 根主要杆件来承受水箱竖直方向的重力,同时利用部分横向杆件与主杆共同构成整体框架,最后利用线的捆绑增加结构整体性。

(2)遵循的原则包括:①安全可靠:保证在水平动荷载作用下结构不被破坏。②制作简单:保证施工制作便利。③经济合理:争取用最少的材料发挥最佳效果。④美观大方:结构从整体到细部造型美观大方。

8.3.2 方案比较

在初期设计中，倾向于选择桁架结构及框架结构来抵抗地震的作用，并未考虑柔性结构的耗能和减震作用，结构质量较大，效果不佳。后经反复试验与优化，获得了较为理想的结构体系。

(1) 设计方案 A

在该设计方案中，考虑采用传统桁架结构。由 4 根空心杆作为主体杆件，3mm×3mm 竹条作为横向和斜向支撑杆件组装成边长 8cm 的空间桁架主体结构，上部向外斜向支撑 8 根杆以扩大上部面积用来安放水箱。边上辅以 4 条拉索，以提高结构的稳定性。方案 A 模型总高为 1120mm，质量 203g（见图 8-2）。该方案最大的问题在于模型质量大，通过多次优化，模型质量始终无法小于 165g。并且桁架构件及节点数量较多，制作较为麻烦。拉索与底板之间的连接不易控制，从底板脱开的风险大。

(2) 设计方案 B

在该设计方案中，考虑采用框架结构。该结构采用"下大上小"的塔状结构形式，使结构具有更好的稳定性。主杆仍采用轻质高强的空心杆。主体结构分为 4 层，横向和斜向杆件均采用 3mm×6mm 的竹条，上部采用柔性较大的 1mm×6mm 的竹片作为水箱的围护结构。模型总高 1130mm，质量 170g（见图 8-3）。方案 B 相比方案 A，杆件数量大大减少，但主要杆件刚度增大，导致结构下部剪力过大。同时，结构上部节点连接处易开裂导致水箱脱落。

(3) 设计方案 C

总结前两种方案的经验，进一步减小结构刚度，制作柔性抗震结构。继续保留"下大上小"的塔状结构形状，主杆仍采用空心杆。原来的实腹横杆用 T 形截面杆件代替，斜向杆件用交叉相连的线代替，每根拉线均采用双层交叉绕索的方法，使模型质量进一步减轻，仅有 150g 左右（见图 8-4）。

(4) 定型方案

方案 C 获得了不错的加载效果。最终定型方案在此基础上作了进一步优化：为最大程度减轻结构质量，把模型底部尺寸减小，顶部尺寸不变，使结构更加紧凑。顶部用于围护水桶的构件由竹条改为棉蜡线，减轻了结构的质量。将拉线节点做法由原来的缠绕改为用 502 胶水固定。经过以上优化后，该方案模型质量约为 137g（见图 8-5）。

8.3.3 定型方案详情

1. 外形

主体结构为高 1150mm、底面边长 250mm、顶部边长 125mm 的桁架结构，一共分为 5 层，层与层之间用线交叉连接，增强了结构的整体性；各层外围用线（分为单根和双根）交叉绕索，最大限度地发挥棉麻线的抗拉作用。4 根主杆采用长 1150mm、壁厚 1mm 的箱型空心杆。横向杆件为 T 形杆，以增强结构的抗弯性能。结构顶部用线围护，既减轻了质量，又可防止水箱脱落。

2. 主要构件规格与作用

（1）竖向主要杆件为壁厚 1mm、横截面尺寸 6mm×6mm、长度 1150mm 的箱型空心

图 8-2 方案 A 实物图（高架水塔模型）

图 8-3 方案 B 实物图（高架水塔模型）

图 8-4 方案 C 实物图（高架水塔模型）

图 8-5 定型方案实物图（高架水塔模型）

杆。主要杆件为结构的主要受力杆件，具有足够的强度和抗弯性。制作时先将两个 1mm×6mm 的薄片粘结形成一个 L 形，再将两 L 形构件合成一根空心杆，如图 8-6 所示。

（2）横向次要杆件以 2 片 1mm×6mm 的长片材组成 T 形，用以减小主要杆件的长细比，增加结构的整体性，提高结构的承载力，如图 8-7 所示。

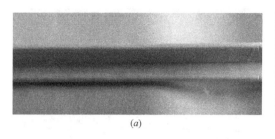

(a)

(b)

图 8-6 空心主杆制作

(a) 2 竹片粘成 L 形；(b) L 形杆围成空心杆

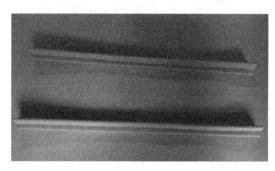

图 8-7 横向 T 形杆件制作

（3）拉线分为单根和双根十字交叉拉线两种。其中双根拉线采用交叉绕索结构，相比于双根平行结构，强度更高，韧性更好（见图 8-8）。

图 8-8 拉线交叉方式

3. 节点处理方式

（1）上部节点在结构顶层采用卯榫结构的连接方法。一是支撑水桶质量，防止脱落；二是增大杆与杆之间连接点的接触面积，增强结构的整体性。

（2）中部节点由横杆"回"形包于主杆外，横杆之间交错外伸，磨平棱角，加 502 胶水混以适量的竹粉粘结，提高节点粘结强度。

（3）柱脚与底板之间用竹条四周围护，增大了主体结构与底板的接触面积，增强了柱脚节点的连接强度。

（4）所有节点处采用竹粉和 502 胶水混合粘结，以减小杆件之间的空隙和应力集中的影响，使连接更加可靠。

部分节点详见图8-9。

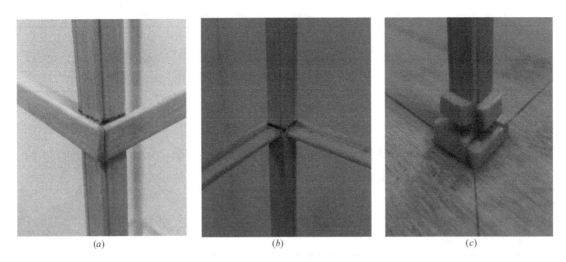

图 8-9 部分节点详图
(*a*) T形横杆翼缘外包柱；(*b*) T形横杆腹板内插于柱；(*c*) 柱脚节点

8.3.4 制作尺寸图

高架水塔模型制作尺寸图见图8-10。

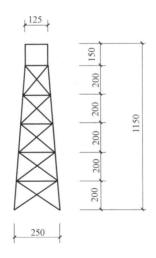

图 8-10 高架水塔模型制作尺寸图

8.4 受力计算与分析

8.4.1 材料规格与性能

本次竞赛所用材料为集成竹材，竹材规格、用量及参考力学指标如表8-1所示。

竹材规格、用量及参考力学指标（制作高架水塔模型）　　　表 8-1

竹材规格(mm)	用量(根)	密度	顺纹抗拉强度	抗压强度	弹性模量
900×3×3	30				
900×3×6	30	0.789g/cm³	150MPa	65MPa	10GPa
900×1×6	39				

8.4.2　加载工况

选择弹簧最大和最小位移作为两种基本的加载工况进行计算分析，工况 1：水平初始位移 18cm；工况 2：水平初始位移 10cm。

8.4.3　有限元分析

1. 有限元模型

鉴于本结构为空间结构，采用一般的结构力学方法计算难度较大，故采用大型通用有限元软件 ANSYS 建模分析。结构有限元模型如图 8-11 所示。

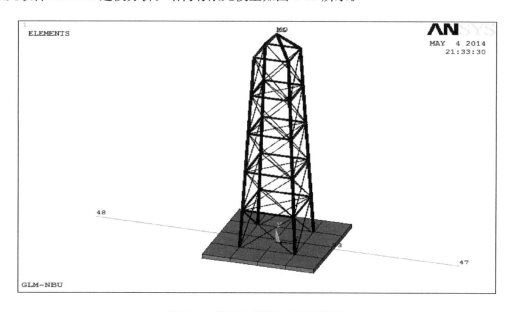

图 8-11　高架水塔结构有限元模型

2. 有限元分析结果

(1) 工况 1

根据竞赛规定，加载测试由两根弹簧模拟单向地震波动作用，弹簧规格为 3×25×290（$K=2$N/mm，加载前弹簧平衡长度 450mm）。加载时，在工况 1 条件下，对弹簧施加水平初始位移 18cm 后，突然放松，使模型产生水平振动 15s，测定模型的动力响应。实测模型结构的动力响应见图 8-12～图 8-15。

从图 8-12～图 8-15 中可以看出：在工况 1 条件下，模型的最大水平位移约为 116mm；模型杆件中最大拉力为 1270N，最大压力为 997.103N，根据杆件截面面积推算

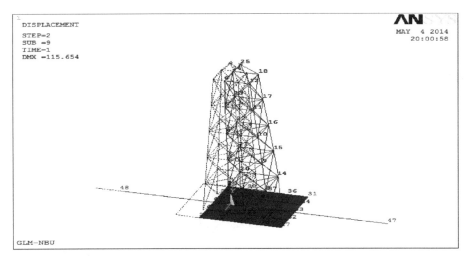

图 8-12　工况 1 位移图（mm）

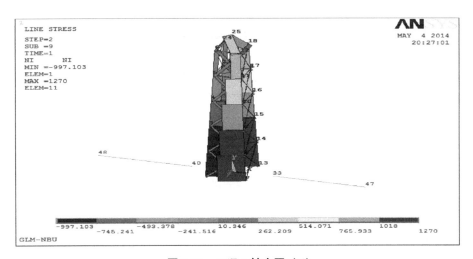

图 8-13　工况 1 轴力图（N）

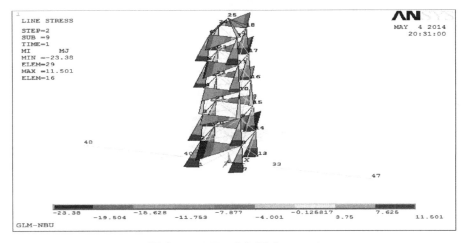

图 8-14　工况 1 弯矩图（N・mm）

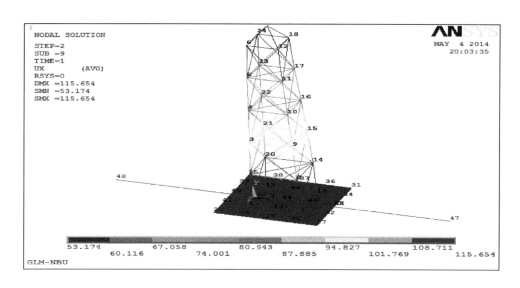

图 8-15 工况 1 加载方向挠度等值线图 (mm)

出杆件最大压应力为 20.8MPa，最大拉应力为 52.9MPa，小于集成竹材的抗压强度和抗拉强度；弯矩主要存在于柱的节点处，但是数值较小，可以忽略；模型顶部与底部的相对侧移约为 62.5mm，在结构可接受范围内。

(2) 工况 2

在工况 2 条件下，对弹簧施加水平初始位移 10cm 后，突然放松，使模型产生水平振动 15s，测定模型的动力响应。实测模型结构的动力响应见图 8-16～图 8-19。

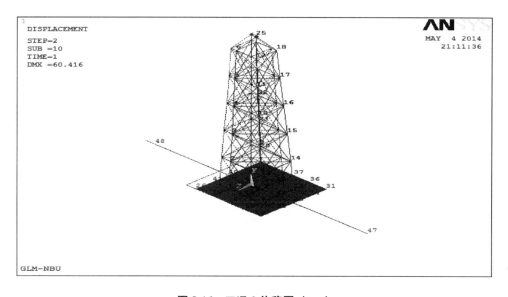

图 8-16 工况 2 位移图 (mm)

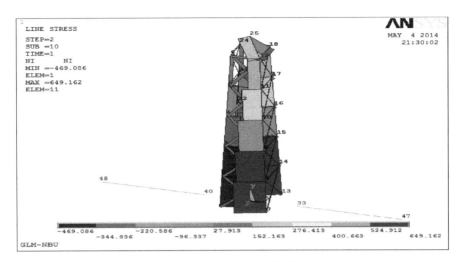

图 8-17 工况 2 轴力图 (N)

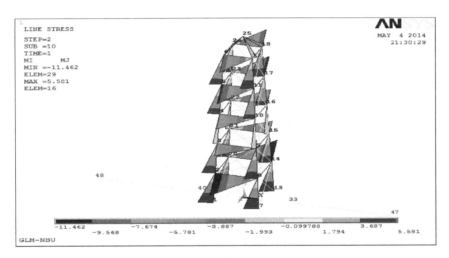

图 8-18 工况 2 弯矩图 (N·mm)

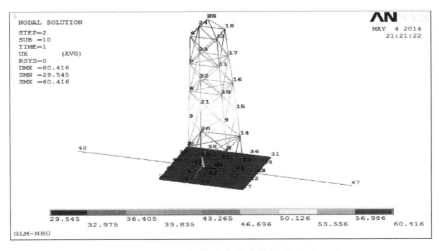

图 8-19 工况 2 加载方向挠度等值线图 (mm)

从图 8-16～图 8-19 中可以看出：在工况 2 条件下，模型的最大水平位移约为 60mm；模型杆件中最大拉力为 649.162N，最大压力为 469.086N，根据杆件截面面积推算出杆件最大压应力为 9.8MPa，最大拉应力为 27.048MPa，小于集成竹材的抗压强度和抗拉强度；弯矩主要存在于柱的节点处，但是数值较小，可以忽略；模型顶部与底部的相对侧移约为 30.9mm，在结构可接受范围内。

第9章 碰撞冲击下梁式结构模型设计制作与分析

9.1 模型设计制作背景

  中国幅员辽阔，地势西北高东南低，河道纵横交错，有著名的长江、黄河等流域，创造了灿烂的华夏文明。中国古代桥梁的辉煌成就举世瞩目，曾在东西方桥梁发展史中占有崇高的地位，为世人所公认。近年来，随着经济的发展，公路市政桥、铁路高架桥、沿江跨海大桥如雨后春笋，层出不穷。然而高速发展的背后，车撞桥、船撞桥事件也时有发生，给桥梁安全运营带来巨大挑战，受撞击后桥梁的安全性备受关注。浙江省第十四届大学生结构设计竞赛以碰撞冲击下梁式结构设计与模型制作为题目，寻求梁式结构在碰撞冲击下的合理形式。

  模型结构及加载系统由三部分组成，第一部分为梁式结构模型（由参赛者设计制作）和支撑系统（由组委会提供），支撑系统除竖向支撑外还设置侧向位移限位装置；第二部分为梁式结构静荷载加载系统；第三部分为对结构模型施加碰撞冲击荷载的冲击摆（由组委会提供）。模型结构水平投影尺寸和高度尺寸限制如图 9-1、图 9-2 所示。模型结构的轮廓横断面如图 9-3 所示。模型制作材料为集成竹材，竹材构件之间采用 502 胶水粘结，同时提供直径 1mm、长 40m 的棉蜡线供参赛者选择使用。

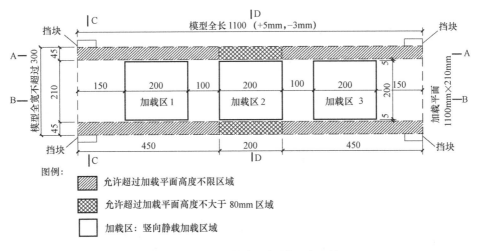

图 9-1 模型结构水平投影尺寸限制

  模型结构水平投影必须控制在如图 9-1 所示的长 1100mm（误差控制：＋5mm，－3mm）×宽 300mm 的长方形区域内，模型结构宽度不小于 210mm。该区域按纵向划分为 3 部分，中间部分 1100mm×210mm 的加载平面为模型结构必备的区域，以满足竖向静载加载块所需，该范围内不得有任何模型结构部件在高度上超过加载平面；两侧为允许模型结构构件高出加载平面的 1100mm×45mm 的两个区域，其中中段 200mm 长度范围内不得超过加载平面 80mm，两端区域（各 450mm×45mm 范围）则不限制超出加载平面的高度。

模型结构的加载平面高出两端支撑顶面 100mm，加载平面以下全宽范围内模型结构高度尺寸限制在如图 9-2 所示的范围内，其中最低位置为竖向荷载加载后（模型发生竖向变形后）不能超越的最低限。

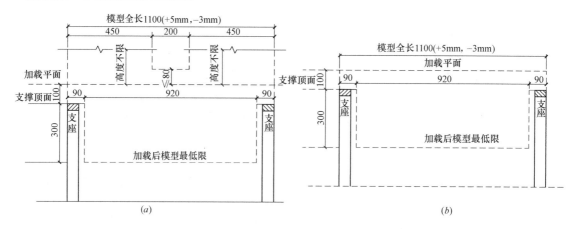

图 9-2　模型结构高度尺寸限制纵断面图

（a）A—A 断面，两侧允许超加载平面区域（两侧 1100mm×45mm）；（b）B—B 断面，
加载平面（1100mm×210mm）区域

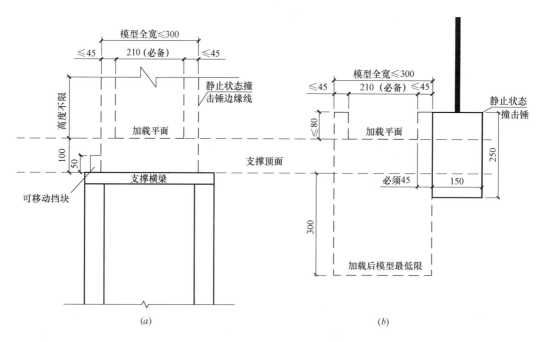

图 9-3　模型结构轮廓横断面图

（a）C—C 横断面；（b）D—D 横断面

结构模型两端必须搁置在组委会统一提供的支撑柱平面上，加载平面必须保证水平以搁置竖向静荷载加载块。模型结构的轮廓横断面如图 9-3 所示。图 9-3 中可移动挡块可以根据实际模型宽度移动，挡住模型结构后锁死；如 D—D 断面所示，模型加载平面与自然下垂静止状态的撞击锤之间的净距必须为 45mm，模型外轮廓边缘不得超过自然下垂静止状态的撞击锤边缘线。

9.2 加载程序与评分规则

9.2.1 加载程序

此次竞赛主要考察梁式结构在碰撞冲击作用下的响应。对模型结构施加冲击荷载前，先施加静荷载。静荷载加载系统和冲击荷载加载系统分别如下：

1. 静荷载加载系统

对模型结构施加冲击荷载前，模型结构必须在图 9-1 中所示的规定加载区域上固定 3 个加载块，如图 9-4 所示，加载区 1 和加载区 3 位置的加载块 G1 和 G3 各为重 4kg、边长 200mm 的正方形钢板，加载区 2 的加载块 G2 重 7kg（含其上凹面内重 300g、直径 40mm 的钢球），加载块与模型接触的底面为边长 200mm 的正方形。3 个加载块必须严格按图 9-4 所示的位置放置。

加载块 G2 如图 9-5 所示。

2. 冲击荷载加载系统

冲击荷载加载系统为一 1200mm 转动半径的冲击摆锤，撞击中心位置正对模型结构跨中中心线。冲击摆锤由直径 14mm 的钢杆和摆锤（由 3mm 厚钢板围成，高 250mm、宽 100mm、厚 150mm）组成，摆锤质量 2.1kg，摆锤固定螺母 0.423kg，钢杆质量 1.299kg，合计重 3.822kg。如图 9-6 所示。

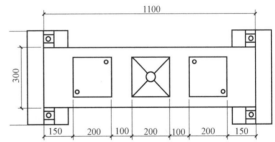

图 9-4 静荷载加载系统

冲击荷载加载时，由工作人员抬高冲击摆锤到相应档位，插入限位插销。加载时，突然拔去插销释放，摆锤下摆撞击模型，使模型产生振动维持 15s，以检测模型结构体系抵抗碰撞冲击荷载的能力。冲击摆锤起摆位置设定 4 个档位，分别与静止下垂状态成 30°、45°、60°、90°夹角，施加冲击荷载时，突然拔去该档位插销释放，摆锤下摆撞击模型形成碰撞冲击荷载。参赛队伍有两次选择加载高度的机会（1 级和 2 级），第一次加载成功后，可以选择放弃第 2 级加载。在任一级加载试验中，当模型出现以下任一情况时，即视为加载失效，退出比赛：

（1）加载前发现模型结构尺寸不符合限定范围；

（2）模型结构上无法固定加载块（加载开始后 3min 内无法完成竖向静荷载加载即视为无法固定）；

（3）静荷载加载后模型底部超越最低限位置；

（4）加载块 G2 内的钢球滚出加载块凹面；

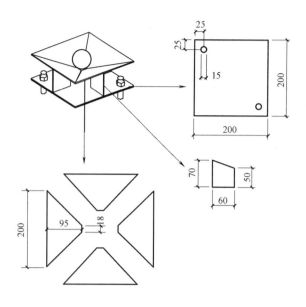

图 9-5 加载块 G2

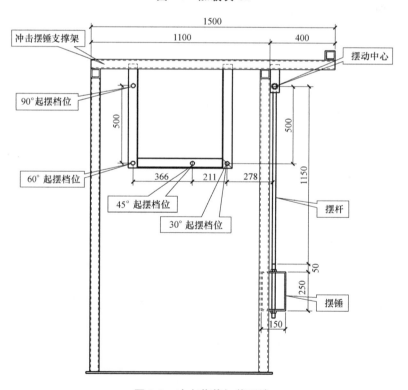

图 9-6 冲击荷载加载系统

（5）专家判断认为模型加载失效。

9.2.2 加载评分规则

加载试验满分为 80 分，按下列公式计算：

$$w' = \frac{\alpha}{\alpha_{\max}} \times 80 \qquad\qquad (9\text{-}1)$$

$$\alpha = \frac{s}{M} \qquad\qquad (9\text{-}2)$$

式中　$\alpha_{\max}$——所有参赛并加载成功的模型中的最大 α 值；

　　　　M——本模型的质量（g）；

　　　　s——本模型冲击荷载加载成功档位的成绩系数，各挡位加载成功的成绩系数
　　　　　　　为：30°档位 $s=2$，45°档位 $s=3$，60°档位 $s=4$，90°档位 $s=5$。

9.3　模型设计与制作过程

9.3.1　总体设计思路

根据竞赛规则，模型主要承受竖向静荷载和侧向碰撞冲击荷载，合理的抗冲击措施是模型设计的关键。经过研究发现，采用"硬碰硬"的抗撞设计不如隔撞或增加耗能构件有利，但设计成过于柔性的结构则会出现形变过大而引起结构主要杆件断裂的问题。综合权衡，采用刚柔相济的结构体系，既保持适度的刚度，又刚中带柔，在承受荷载的同时又能将能量通过耗能装置消散掉。总体设计思路为：①采用单面式结构和柔性自复位抗撞面相结合的结构体系。柔性自复位抗撞面具有抵抗侧向冲击荷载的作用，能够减缓侧向冲击荷载对主体结构的破坏，受力后易于恢复原状。②合理利用棉蜡线。考虑到棉蜡线具有质量轻、抗拉性能较好的特点，较多地采用多股棉蜡线作为下拉索增加结构的刚度。③在支座处采用斜向杆件固定以增加结构的强度和整体性。④在空心杆内均匀粘贴薄片以提高空心杆的强度与刚度。

9.3.2　方案比较

（1）设计方案 A

考虑采用传统的框架结构。由横截面尺寸为 7mm×7mm 的竹片拼接组成基本受力长方体，支座处用两根横截面尺寸为 3mm×6mm 的竹片与横杆连接，起到固型的作用。底盘用两根棉蜡线与左右两根横杆连接拉至紧绷，以增强结构的整体性。中间上下两层共10 根横杆用紧绷的棉蜡线固定在主杆上，同时各节点都加以紧绷的斜向连接的棉蜡线。在所有节点处，以 502 胶水和竹粉粘结固定，保证节点处不发生因相对移动而导致的应力集中破坏。该模型中所有杆件截面都是矩形，制作简单、拼接方便。方案 A 模型质量约为 240g，模型实物如图 9-7 所示。该方案的缺点是没有特殊的防撞设计，加载块直接撞击结构，对结构整体要求较高，节点易开胶，杆件易断裂，且易导致重物掉落。

（2）设计方案 B

相比于方案 A，方案 B 增加了抗撞击设计。将中间上下两层共四根横杆往外延伸45mm，外伸横杆间先用横截面尺寸为 3mm×6mm 的竹片固定，再用同一根棉蜡线斜向固定于支座节点上。同时减少不必要的杆件，磨圆拼接竹片以减轻模型质量。该方案的模型质量约 210g。方案 B 的缺点在于抗撞面棉蜡线易断裂，且作为传统的框架结构，质

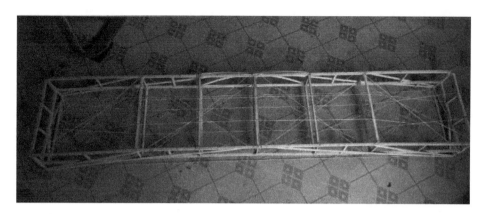

图 9-7 方案 A 实物图（梁式结构模型）

量较大，材料利用效率低。

（3）设计方案 C

在该设计方案中，增加了抗撞击设计，采用单面式结构和柔性自复位抗撞面相结合的结构体系。支座处仍保留了两个长方体框，并用斜向杆件固型以增大支座的强度和稳定性。主杆用 6mm×6mm 的空心杆代替实心杆。设置一个独立于结构主体的抗撞框，抗撞面则采用绳面和细杆相结合的方式，并以轨道的方式连接在主体结构上。该方案的模型质量约为 142g，相比于前两个方案大大减轻。方案 C 的缺点在于拉绳在张拉过程中易致结构扭曲，导致本已拉至紧绷的棉蜡线又变得松弛，无法达到抗撞设计的最佳状态。同时结构整体过窄，没有限制重物移动的构件，重物易掉落。

（4）定型方案

在方案 C 的基础上，进行了进一步优化。将结构尺寸加宽了 45mm 以给予重物更大的移动空间，考虑到刚性的限制可能会使钢球飞出，加入有弧度的薄片来限制重物的同时给重物一个有限的移动空间。为增强主杆的强度，在主杆中心部分粘贴 3 根尺寸为 1mm×6mm 的薄木片进行加固保护。为防止制作过程中起拱过大，在下拉线基础上，增加上拉杆和上拉索使模型变平。试验结果表明，该方案承载和抗冲击效果良好，模型质量约为了 140g，总体达到了预期目标，因而作为最终定型方案，模型实物图见图 9-8。

图 9-8 定型方案实物图（梁式结构模型）

9.3.3 杆件规格与型号

主杆（2 根）：壁厚 1mm，截面尺寸为 7mm×7mm，长度为 1100mm 的空心杆。主杆为结构的主要受力杆件，具有足够的强度和抗弯性。

横杆（10 根）：壁厚 1mm，由截面尺寸为 1mm×6mm 和 3mm×3mm 的两种竹片组成的 T 形杆，长度为 250mm。用以减小主杆的长细比，增加结构的整体性，提高结构的承载力。

下拉杆（6 根）：壁厚 1mm，截面尺寸为 8mm×6mm 的空心杆。

主支座（靠内侧）：由截面尺寸为 1mm×6mm 和 3mm×6mm 的两种竹片组成的 T 形杆。

副支座（靠外侧）：由截面尺寸为 1mm×6mm 和 3mm×3mm 的两种竹片组成的 T 形杆。

抗震装置：由截面尺寸为 1mm×6mm 和 2mm×3mm 两种竹片组成的 T 形杆。

其他杆件：由截面尺寸为 3mm×3mm 的正方形实心块。

拉线：采用双根拉线交叉绕索结构，相比于双根平行结构，强度更高，韧性更好；承重面采用单根 X 形拉线，下拉承重采用四根一股的交叉绕索方式。

9.3.4 杆件与节点加强处理方式

杆件与节点采用如下几种加强处理方式：

（1）模仿竹子内部构造，在主要空心杆内部加设四边形肋片，提高空心杆的强度与刚度，防止构件发生局部失稳。

（2）在横梁与主杆连接位置处，横梁的两端向外延伸一个杆件的宽度，再与主杆粘结，这就如同木结构中的卯榫，可有效增大横梁与主杆的接触面积，防止杆与杆之间的连接脱开，增强结构的整体稳定性。

（3）在支座的横杆与竖杆间设置斜向支撑，既能提高结构的承载力，又能增强结构的整体性与稳定性。

（4）所有杆件相交处，均用竹粉与 502 胶水混合后撒于节点，增强粘结强度，提高节点韧性。

（5）用线的地方，采用线双股交错连接，保证结构在受力的情况下节点处不会松开。线与线之间亦采用交错连接方式，减小在结构发生较大变形时线崩断的风险。

9.3.5 模型尺寸与效果图

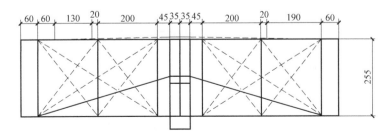

图 9-9 梁式结构模型平面布置图

梁式结构模型平面布置如图 9-9 所示。

梁式结构模型三视图和整体效果图分别如图 9-10、图 9-11 所示。

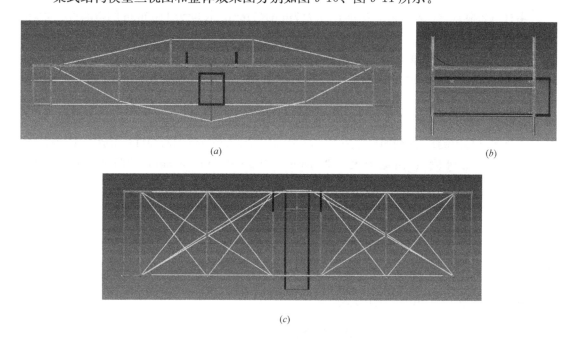

(a)

(b)

(c)

图 9-10　梁式结构模型三视图

(a) 立面图；(b) 侧面图；(c) 平面图

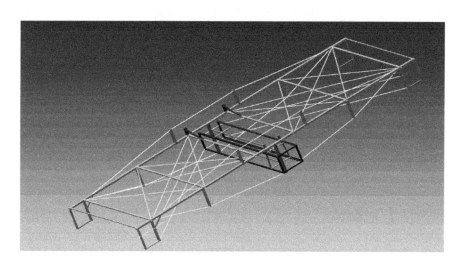

图 9-11　梁式结构模型效果图

9.3.6　杆件制作与构造

（1）主杆：①把 4 根长 900mm、厚 1mm 的竹片用 502 胶水粘成正方体空心杆 A；②把 4 根长 200mm、厚 1mm 的竹片用 502 胶水粘成正方体空心杆 B；③将 A、B 两个空心杆构件合成一根长度符合要求的空心杆，并用薄片贴合。如图 9-12 所示。

 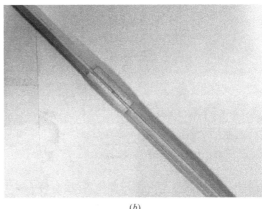

(a)　　　　　　　　　　　　　　(b)

图 9-12　主杆制作详图

(a) 剖面图；(b) 拼接图

（2）横杆：横杆构件有三种类型。①长 250mm、横截面尺寸为 3mm×3mm 的竹材。②长 250mm、横截面尺寸为 1mm×6mm 的竹材竖向粘贴在同规格竹材的中心，两端各延伸 7mm，包在主杆的上部，使横杆与主杆的连接更加牢固。③长 250mm、横截面尺寸为 3mm×3mm 的竹材粘贴在横截面尺寸为 1mm×6mm 的竹材中心，两端各延伸 7mm，包在主杆的上部，使横杆与主杆的连接更加牢固。如图 9-13 所示。

(a)　　　　　　　　　　　　　　(b)

图 9-13　横杆制作详图

(a) 1mm×6mmT 形杆；(b) 3mm×3mmT 形杆

（3）柱（撑杆）：有两种类型。①长 87mm、横截面尺寸为 3mm×3mm 的竹材粘贴在横截面尺寸为 1mm×6mm 的竹材中心，一端延伸出 7mm，另一端延伸出 3mm，使柱（撑杆）与主杆及支座横梁的连接更加牢固。②长 90mm 横截面尺寸为 3mm×6mm 的竹材粘贴在横截面尺寸为 1mm×6mm 的竹材中心，在端部延伸出 7mm，使柱与主杆的连接更加牢固。如图 9-14 所示。

（4）下拉杆及上拉杆：横截面尺寸为 1mm×6mm 的 4 根竹片粘贴成长方体空心杆，一端单片延伸出 7mm 包在主杆外侧，使构件与主杆的连接更加牢固；另一端挖槽以固定棉蜡线。如图 9-15 所示。

（5）抗撞框杆件：①采用 L 形杆，可增大杆件间粘贴接触面积。②横截面尺寸为 3mm×3mm 的竹材上部粘贴三片 1mm×6mm 的薄片制成滑道，使抗撞框承受冲击荷载时能在一定范围内滑动耗能。如图 9-16 所示。

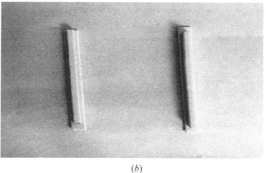

(a)　　　　　　　　　　　　　　　　　　(b)

图 9-14　柱（撑杆）制作详图

（<i>a</i>）3mm×3mmT 形杆外伸图；（<i>b</i>）T 形杆全图

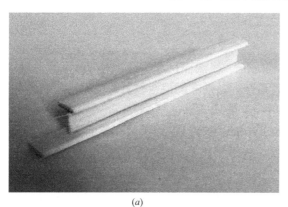
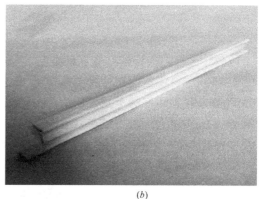

(a)　　　　　　　　　　　　　　　　　　(b)

图 9-15　下拉杆及上拉杆制作详图

（<i>a</i>）下拉杆；（<i>b</i>）上拉杆

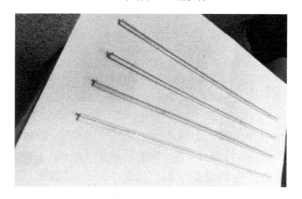

图 9-16　抗撞框杆件制作详图

9.4　受力计算与分析

9.4.1　材料规格与性能

　　本次竞赛所用材料为集成竹材和棉蜡线，构件连接采用 502 胶水。竹材规格、用量及参考力学指标如表 9-1 所示。

竹材规格、用量及参考力学指标（制作梁式结构模型）　　　　表 9-1

竹材规格(mm)	用量(根)	密度	顺纹抗拉强度	抗压强度	弹性模量
900×1×6	30				
900×2×3	30	0.789g/cm³	150MPa	65MPa	10GPa
900×3×3	30				
900×3×6	30				

9.4.2 荷载计算

从 α 角度静止初始状态释放摆杆和摆锤（见图 9-17），下落至摆杆竖直状态重力做功为：

$$W = m_1 g \frac{L_1}{2}(1-\cos\alpha) + m_2 g L_2 (1-\cos\alpha) \quad (9\text{-}3)$$

在摆杆处于竖直状态时体系的动能为：

$$V_2 = \frac{1}{2} J_1 \omega^2 + \frac{1}{2} m_2 v_2^2 \quad (9\text{-}4)$$

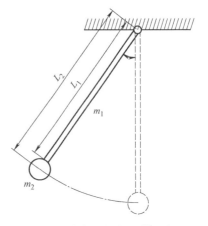

其中 J_1 为摆杆转动惯量，$J_1 = \frac{1}{3} m_1 L_1^2$；$\omega$ 为摆杆转动角速度，假设摆杆为刚性杆，转动过程无挠曲；摆锤速度为 $v_2 = L_2 \omega$。根据能量守恒定律：

$$T_1 + V_1 = T_2 + V_2 \quad (9\text{-}5)$$

其中 T 为势能，V 为动能，1 表示初始静止状态，2 表示摆杆处于竖直状态。

已知 $T_1 = W$，$T_2 = 0$，$V_1 = 0$，代入公式（9-5）得：

$$W = V_2 \quad (9\text{-}6)$$

图 9-17 摆杆和摆锤下落示意图

根据公式（9-6）可以求出状态 2 时摆杆的角速度 ω。

将试验加载数据代入，m_1 为长 1075mm、直径 14mm 钢质摆杆的质量，m_2 为 250mm×100mm×150mm、厚度 3mm 钢质摆锤的质量，$L_1 = 1075\text{mm}$，$m_1 = 1.299\text{kg}$，$L_2 = 1200\text{mm}$，$m_2 = 2.1 + 0.423 = 2.523\text{kg}$，假设从 $\alpha = 60°$ 释放，得：

$$W = m_1 g \frac{L_1}{2}(1-\cos\alpha) + m_2 g L_2 (1-\cos\alpha)$$

$$= 1.299 \times 9.81 \times \frac{1.075}{2}(1-\cos60°) + 2.523 \times 9.81 \times 1.2 \times (1-\cos60°)$$

$$= 18.275\text{N} \cdot \text{m}$$

$$\omega = \sqrt{\frac{W}{\frac{1}{6}m_1 L_1{}^2 + \frac{1}{2}m_2 L_2{}^2}} = \sqrt{\frac{18.275}{\frac{1}{6} \times 1.299 \times 1.075^2 + \frac{1}{2} \times 2.523 \times 1.2^2}} = 2.974\text{rad/s}$$

假设摆锤撞击梁式结构模型后速度变为 v_2'，摆杆角速度变为 ω'，则根据动量矩定理：

$$J_1 \omega' + r \cdot m_2 v_2' - (J_1 \omega + r \cdot m_2 v_2) = r \cdot F \cdot t \quad (9\text{-}7)$$

根据试验观测，从 $\alpha=60°$ 释放时，摆锤撞击梁式结构后处于静止状态，$t=0.005\mathrm{s}$（估计值，冲击荷载从零增大至最大值，再从最大值降至零所需时间），代入公式（9-7）得梁式结构模型所受到的横向冲击荷载 F 为：

$$0+0-\frac{1}{3}m_1L_1{}^2\times\omega-m_2L_2{}^2\times\omega=-L_2\cdot F\cdot t$$

$$F=\frac{\dfrac{1}{3}\times1.299\times1.075^2\times2.974+2.523\times1.2^2\times2.974}{0.005\times1.2}=2048.8\mathrm{N}$$

9.4.3 静力分析

（1）竖向弯曲

取模型中纵向的一榀作为研究对象，其为由竹木梁、竹木杆和绳索件组成的一个平面杆系结构，如图 9-18（a）所示。其中杆件①为主梁，②为支座支撑杆件，③为支座斜杆和底部纵杆，④为 3 个桥面加载质量块处的竖向支撑杆，⑤为棉蜡线，每种杆件的截面如图 9-18（b）所示。

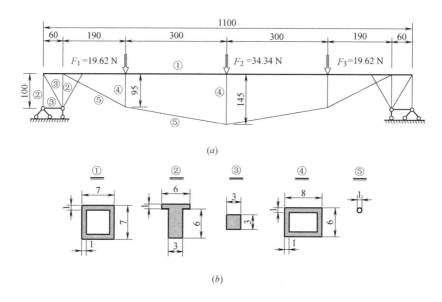

图 9-18 平面杆系模型

（a）模型尺寸与杆件编号；（b）杆件截面

由于图 9-18 中的杆件仍然较多，不利于分析问题，所以这里进一步简化为图 9-19（a）所示的由梁、立柱和绳索组成的连续梁超静定平面杆系结构，杆件截面如图 9-19（b）所示，其中杆件①为连续梁结构，杆件②为竖向支撑，与①固结连接，杆件③为棉蜡线，可认为是桁架杆，整个结构的边界条件为简支支撑。由于棉蜡线可以自由滑动，所以各个分段绳索的拉力相等，认为该简化模型为一次超静定结构。

该超静定结构的基本体系如图 9-20 所示，绳索③在每一个小的分段内截断，轴力相等。根据力法，外力在该基本体系上作用产生的沿未知拉力 T 方向的位移与基本体系在单位未知拉力作用下沿拉力 T 方向的位移乘以 T 之和等于绳索③在原体系下的伸长。根

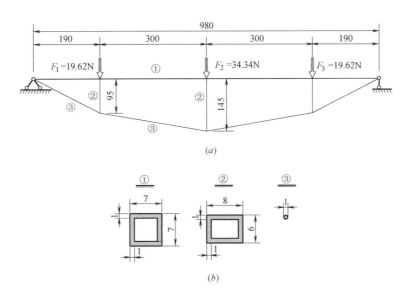

图 9-19 最终竖向简化计算模型

(a) 简化后的模型尺寸与杆件编号；(b) 简化后的杆件截面

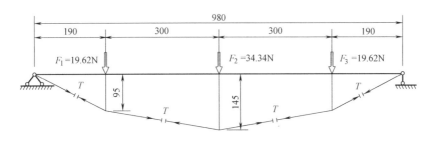

图 9-20 基本体系

据试验观察，在质量块竖向荷载 F_1、F_2 和 F_3 作用下梁跨中下挠约 2cm，因此可以估算绳索伸长。

第一段绳索伸长（F_1 处下挠 7.76mm）：

$$\Delta L_1 = \sqrt{190^2 + 102.76^2} - \sqrt{190^2 + 95^2} = 3.58\text{mm}$$

第二段绳索伸长（F_2 处下挠 20mm）：

$$\Delta L_2 = \sqrt{300^2 + 62.24^2} - \sqrt{300^2 + 50^2} = 2.25\text{mm}$$

总的绳索伸长为：

$$\Delta L = 2(\Delta L_1 + \Delta L_2) = 2(3.58 + 2.25) = 11.66\text{mm}$$

因此可以建立该体系的力法方程如公式（9-8）所示。

$$\delta_{11} T + \Delta_{1p} = -0.0117\text{m} \tag{9-8}$$

式中　δ_{11}——该基本体系在 $T=1$ 作用下沿 T 方向的位移；

　　　Δ_{1p}——该基本体系在竖向质量块荷载作用下沿 T 方向的位移；

　　　T——各段绳索的拉力，绳索总的位移为 2cm。

计算节点 1、节点 2 和节点 3 在质量块恒载作用下沿 X 轴（横轴）和 Y 轴（竖轴）的合力，计算图示如图 9-21 所示。

节点 1：

$$\sum X = 1 \cdot \cos 26.565 - 1 \cdot \cos 9.462 = -0.092 \text{N} \rightarrow$$
$$\sum Y = 1 \cdot \sin 26.565 - 1 \cdot \sin 9.462 = 0.2828 \text{N} \uparrow$$

节点 2：

$$\sum X = 1 \cdot \cos 9.462 - 1 \cdot \cos 9.462 = 0$$
$$\sum Y = 1 \cdot \sin 9.462 + 1 \cdot \sin 9.462 = 0.3288 \text{N} \uparrow$$

节点 3：

$$\sum X = 0.092 \text{N} \leftarrow$$
$$\sum Y = 0.2828 \text{N} \uparrow$$

由于节点 1、节点 3 的水平力不大，为了简化计算，忽略节点 1、节点 3 的水平力。

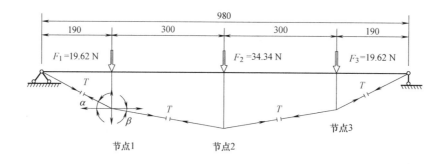

图 9-21　节点合力计算图示

基本体系在恒载作用下的弯矩图如图 9-22（a）所示，基本体系在绳索拉力 $T=1$ 作用下的弯矩图如图 9-22（b）所示。

根据图乘法可以得到质量块荷载作用下的位移 Δ_{1p} 和单位绳索拉力 T 作用下的位移 δ_{11}。

单片主梁的抗弯刚度：

$$EI = 10^{10} \cdot 148 \cdot 10^{-12} = 1.48 \text{Pa} \cdot \text{m}^4$$

$$\begin{aligned}
\Delta_{1p} = \int \frac{\overline{M}_1 M_p}{EI} \mathrm{d}s = &-\left\{ \frac{1}{2} \times 0.085 \times 0.19 \times \frac{2}{3} \times 6.99 \right.\\
&+ \frac{1}{2} \times 0.085 \times 0.3 \times \left[6.99 + \frac{1}{3}(12.14 - 6.99) \right]\\
&\left. + \frac{1}{2} \times 0.1343 \times 0.3 \times \left[6.99 + \frac{2}{3}(12.14 - 6.99) \right] \right\} \cdot \frac{2}{EI}\\
= &-0.4846 \text{m}
\end{aligned} \tag{9-9}$$

$$\begin{aligned}
\delta_{11} = \int \frac{\overline{M}_1 \overline{M}_1}{EI} \mathrm{d}s = &\left\{ \frac{1}{2} \times 0.085 \times 0.19 \times \frac{2}{3} \times 0.085 \right.\\
&+ \frac{1}{2} \times 0.085 \times 0.3 \times \left[0.085 + \frac{1}{3}(0.1343 - 0.085) \right]
\end{aligned}$$

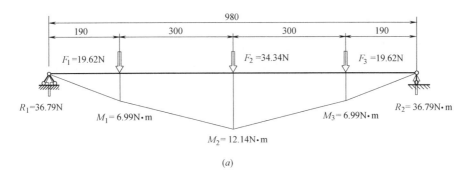

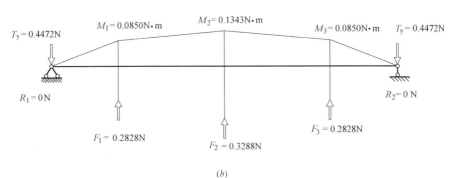

图 9-22 基本体系弯矩图

(a) M_p；(b) $\overline{M}_1$

$$+ \frac{1}{2} \times 0.1343 \times 0.3 \times \left[0.085 + \frac{2}{3}(0.1343 - 0.085)\right] \bigg\} \cdot \frac{2}{EI}$$

$$= 0.005575\text{m} \tag{9-10}$$

根据公式（9-8）得：

$$T = \frac{-0.0117 - \Delta_{1p}}{\delta_{11}} = \frac{-0.0117 + 0.4846}{0.005575} = 84.83\text{N}$$

结构总的弯矩为：

$$M = \overline{M}_1 \cdot T + M_p \tag{9-11}$$

节点1：

$$M = -0.085 \times 84.83 + 6.99 = -0.221\text{N} \cdot \text{m 下缘受拉}$$

节点2：

$$M = -0.1343 \times 84.83 + 12.14 = 0.747\text{N} \cdot \text{m 下缘受拉}$$

节点3：

$$M = -0.085 \times 84.83 + 6.99 = -0.221\text{N} \cdot \text{m 下缘受拉}$$

支点反力：

$$R_1 = \overline{R}_1 \cdot T + R_{10} = 0 \times 90.52 + 36.79 = 36.79\text{N}$$

$$R_2 = \overline{R}_{12} \cdot T + R_{20} = 0 \times 90.52 + 36.79 = 36.79\text{N}$$

支点反力校核：

$$2 \times (R_1 + R_2) = 2 \times 2 \times 36.79 = 147.16\text{N}$$

$$147.16/9.81=15.00\text{kg}$$

与所放质量块总质量一致，说明支点反力是正确的。另外从计算可以看出，梁底部张拉索力并不引起支点反力的增大，属于内部平衡的力，类似于一张弓，属于内部超静定、外部静定结构。绘制结构在 3 个质量块恒载作用下竖向弯曲时的弯矩如图 9-23 所示。

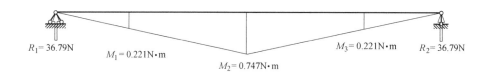

图 9-23 恒载竖向弯矩图 M_y

(2) 横向弯曲

假设冲击荷载是一个正弦荷载，如图 9-24 所示。进行静力验算时其等效荷载用有效值代替。

$$F_{\text{RMS}}=\sqrt{\frac{2}{T}\int_0^{T/2}A^2\sin^2(\omega t+\varphi)\mathrm{d}t}=\frac{A}{\sqrt{2}} \tag{9-12}$$

$$F_{\text{RMS}}=\frac{2098.5}{2\sqrt{2}}=741.93\text{N}$$

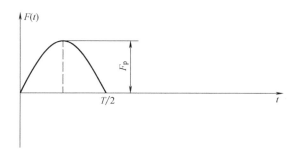

图 9-24 冲击荷载

梁式结构模型横向受摆锤冲击力作用，模型平面图如图 9-25（a）所示，其中直接承受摆锤冲击的缓冲防撞装置未画出，认为冲击力作用在相应的桥梁桥面外框架纵梁上。该模型为梁和拉索的组合结构，其中①为桥面纵梁，②为桥面横梁，③为单根拉线，如图 9-25（b）所示。

继续对图 9-25 所示的结构模型进行简化，得到如图 9-26 所示的横向加载受力图示。

横向弯矩图如图 9-27 所示。

与图 9-23 中竖向弯矩相比，认为竖向弯矩可以忽略不计，仅考虑横向弯矩作用。因此得到梁截面应力如公式（9-13）所示。

$$A_1=24\text{ mm}^2$$

$$I_1=148\text{ mm}^4$$

$$d=248/2=124\text{mm}$$

$$I_x=(I_1+A_1d^2)\times2=(148+24\times124^2)\times2=738344\text{mm}^4$$

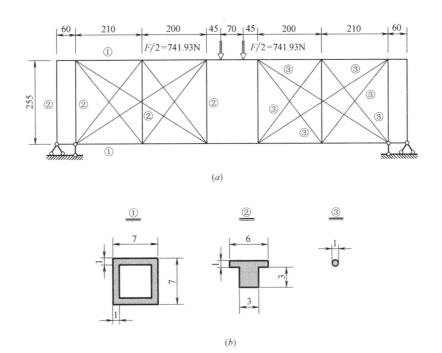

图 9-25 梁式结构模型横向加载图示

(a) 模型平面图与杆件编号; (b) 杆件截面

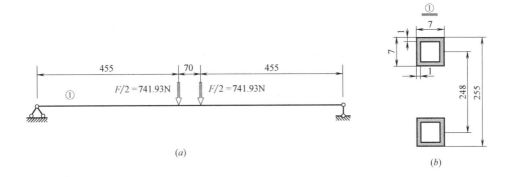

图 9-26 简化后的横向加载模型

(a) 横向加载简化模型; (b) 梁截面

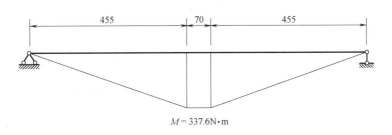

图 9-27 横向弯矩图 M_x

$$\sigma_{\text{后}}^{\text{前}}=\frac{M_{\text{后}}^{\text{前}}}{I_x}y_{\text{后}}^{\text{前}}=\frac{337.6}{7.383\times10^{-4}}\times(\pm124)=\pm56701070\text{Pa}\begin{array}{l}-56.7\text{MPa(压)}\\[4pt]56.7\text{MPa(拉)}\end{array} \tag{9-13}$$

小于竹材顺纹抗压强度 $[\sigma]=65\text{MPa}$ 和抗拉强度 $[\sigma]=150\text{MPa}$。因此满足强度要求，杆件不会破坏。

9.4.4 动力分析

梁式结构模型承受 3 个质量块恒载，$m_1=4\text{kg}$，$m_2=7\text{kg}$，$m_3=4\text{kg}$，梁式结构模型自重约为 200g，可以忽略不计。横向振动动力计算简化模型如图 9-28 所示。

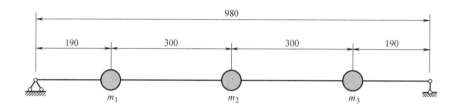

图 9-28　横向振动动力计算简化模型

继续简化成单个集中质量体系模型，如图 9-29 所示，m_1 和 m_2 按照杠杆原理分配到跨中节点。简化后等效跨中集中质量为：

$$m=m_2+(m_1+m_3)\frac{190}{490}=7+8\cdot\frac{190}{490}=10.10\text{kg}$$

简支梁跨中刚度系数：

$$EI_x=10^{10}\times7.3834\times10^{-7}=7383.4\text{Pa}\cdot\text{m}^4$$

$$k_{11}=\frac{768EI_x}{16L^3}=\frac{768\times7383.4}{16\times0.98^3}=376547.2\text{N/m}$$

$$\omega_n=\sqrt{\frac{k_{11}}{m}}=\sqrt{\frac{376547.2}{10.10}}=193.1\text{rad/s}$$

如果按连续体系计算，第一阶频率为：

$$\omega_1=\frac{9.87}{L^2}\sqrt{\frac{EI_x}{\rho_L}}=\frac{9.87}{0.98^2}\sqrt{\frac{7383.4}{(4+7+4)/0.98}}=225.7\text{rad/s}$$

二者误差为：$(225.7-193.1)/193.1=0.169=16.9\%$。

按集中质量得到的频率计算，振动周期为：

$$T_n=\frac{2\pi}{\omega_n}=\frac{2\times3.14159}{193.1}=0.032539\text{s}$$

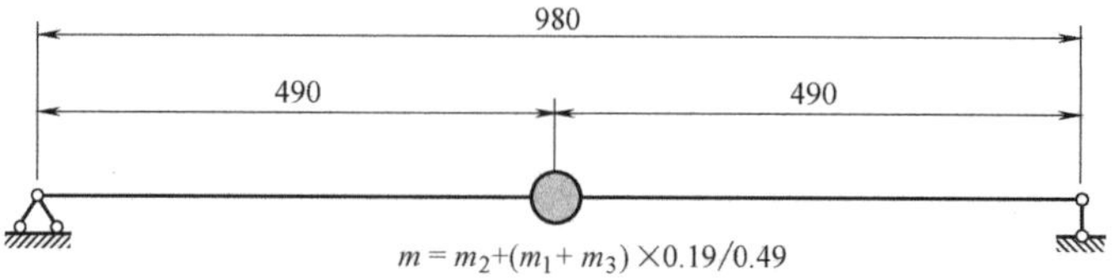

图 9-29　横向振动单个集中质量体系模型

假设摆锤与梁式结构模型作用的冲击荷载如图 9-30 所示，为半周期正弦荷载激励振动，持续时间为 t_d，随后为自由振动。

冲击振动的前半段属于有阻尼正弦荷载激励振动，后半段在荷载卸除后属于有阻尼自由振动。

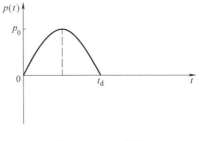

图 9-30　冲击荷载

（1）第一阶段：强迫振动 $0 \leqslant t \leqslant t_d$

强迫振动阶段系统运动方程为：

$$m\ddot{u}(t) + c\dot{u}(t) + ku(t) = p_0 \sin\omega t \quad (9\text{-}14)$$

系统初始条件为：

$$u = u(0) \quad \dot{u} = \dot{u}(0) \quad (9\text{-}15)$$

系统特解为：

$$u_p(t) = C\sin\omega t + D\cos\omega t \quad (9\text{-}16)$$

其中：

$$C = \frac{p_0}{k} \frac{1-(\omega/\omega_n)^2}{[1-(\omega/\omega_n)^2]^2 + [2\xi(\omega/\omega_n)]^2} \quad (9\text{-}17)$$

$$D = \frac{p_0}{k} \frac{-2\xi(\omega/\omega_n)}{[1-(\omega/\omega_n)^2]^2 + [2\xi(\omega/\omega_n)]^2} \quad (9\text{-}18)$$

系统补解是自由振动解，形式为：

$$u_c(t) = e^{-\xi\omega_n t}(A\cos\omega_D t + B\sin\omega_D t) \quad (9\text{-}19)$$

其中：$\omega_D = \omega_n\sqrt{1-\xi^2}$ 是有阻尼振动圆频率。

方程（9-14）的完整解为：

$$\begin{aligned}
u(t) &= e^{-\xi\omega_n t}(A\cos\omega_D t + B\sin\omega_D t) + C\sin\omega t + D\cos\omega t \\
&= e^{-\xi\omega_n t}(A\cos\omega_D t + B\sin\omega_D t) \\
&\quad + \frac{p_0}{k}\frac{1-(\omega/\omega_n)^2}{[1-(\omega/\omega_n)^2]^2 + [2\xi(\omega/\omega_n)]^2}\sin\omega t \\
&\quad + \frac{p_0}{k}\frac{-2\xi(\omega/\omega_n)}{[1-(\omega/\omega_n)^2]^2 + [2\xi(\omega/\omega_n)]^2}\cos\omega t
\end{aligned} \quad (9\text{-}20)$$

$$\begin{aligned}
\dot{u}(t) &= e^{-\xi\omega_n t}[(-\xi\omega_n A + \omega_D B)\cos\omega_D t + (-\xi\omega_n B - \omega_D A)\sin\omega_D t] \\
&\quad + \frac{p_0\omega}{k}\frac{1-(\omega/\omega_n)^2}{[1-(\omega/\omega_n)^2]^2 + [2\xi(\omega/\omega_n)]^2}\cos\omega t \\
&\quad - \frac{p_0\omega}{k}\frac{-2\xi(\omega/\omega_n)}{[1-(\omega/\omega_n)^2]^2 + [2\xi(\omega/\omega_n)]^2}\sin\omega t
\end{aligned} \quad (9\text{-}21)$$

根据公式（9-15），本模型初始位移为零，初始速度为零，因此：

$$u = u(0) = 0 \Rightarrow A = -D = \frac{p_0}{k}\frac{2\xi(\omega/\omega_n)}{[1-(\omega/\omega_n)^2]^2 + [2\xi(\omega/\omega_n)]^2}$$

$$\dot{u} = \dot{u}(0) = 0 \Rightarrow B = \frac{\xi\omega_n A - \omega C}{\omega_D} = \frac{p_0\omega}{k\omega_D}\frac{2\xi^2 - 1 + (\omega/\omega_n)^2}{[1-(\omega/\omega_n)^2]^2 + [2\xi(\omega/\omega_n)]^2} \quad (9\text{-}22)$$

第一阶段位移解析式如公式（9-20）所示。

（2）第二阶段：自由振动 $t \geqslant t_d$

初始条件：

$$u = u(t_{\rm d})$$

$$\dot{u} = \dot{u}(t_{\rm d})$$

$$u(t) = {\rm e}^{-\xi\omega_{\rm n}(t-t_{\rm d})}\left[A'\cos\omega_{\rm D}(t-t_{\rm d}) + B'\sin\omega_{\rm D}(t-t_{\rm d})\right] \tag{9-23}$$

$$\dot{u}(t) = {\rm e}^{-\xi\omega_{\rm n}(t-t_{\rm d})} \cdot \left[(-\xi\omega_{\rm n}A' + \omega_{\rm D}B')\cos\omega_{\rm D}(t-t_{\rm d}) + (-\xi\omega_{\rm n}B' - \omega_{\rm D}A')\sin\omega_{\rm D}(t-t_{\rm d})\right]$$
$$\tag{9-24}$$

当 $t = t_{\rm d}$ 时，得：

$$A' = u(t_{\rm d})$$

$$B' = \frac{\dot{u}(t_{\rm d}) + \xi\omega_{\rm n}A'}{\omega_{\rm D}}$$

第二阶段位移解析式为：

$$u(t) = {\rm e}^{-\xi\omega_{\rm n}(t-t_{\rm d})}\left[u(t_{\rm d})\cos\omega_{\rm D}(t-t_{\rm d}) + \frac{\dot{u}(t_{\rm d}) + \xi\omega_{\rm n}A'}{\omega_{\rm D}}\sin\omega_{\rm D}(t-t_{\rm d})\right] \tag{9-25}$$

以时间间隔 $\Delta t = T_{\rm n}/32 = 0.032539/32 = 0.001{\rm s}$，代入数据 $p_0 = 2048.8{\rm N}$，$k = k_{11} = 376547.2{\rm N/m}$，$T_{\rm n} = 0.032539{\rm s}$，$t_{\rm d} = 0.005{\rm s}$，$\omega_{\rm n} = 193.1{\rm rad/s}$，$\xi = 0.05$，$\omega_{\rm D} = \omega\sqrt{1-\xi^2} = 192.9{\rm rad/s}$，得到位移时程曲线如图 9-31 （$a$）所示。

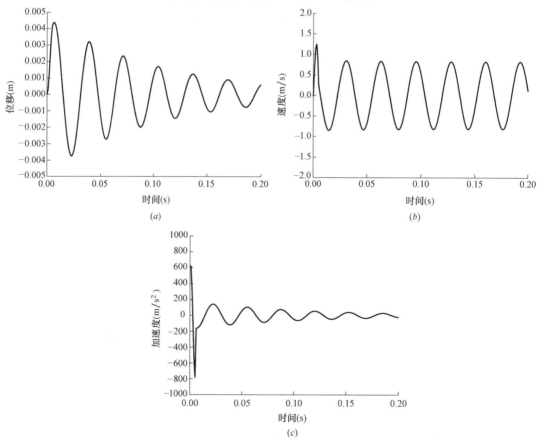

图 9-31 梁式结构模型横向振动响应时程

（a）位移时程；（b）速度时程；（c）加速度时程

假设中间质量块（7kg）与梁式结构模型之间的摩擦系数为 0.8，若模型响应加速度大于 $0.8g=7.85\mathrm{m/s^2}$，则质量块会发生滑移，必须设置前挡块，防止质量块相对梁式结构模型前移（前指有摆锤一侧，后指无摆锤一侧）。根据图 9-31（c）加速度时程可以知道，摆锤撞击瞬间，质量块 2 的加速度约为 $626.4\mathrm{m/s^2}\gg7.85\mathrm{m/s^2}$，质量块 2 会发生滑移，如果桥面设置了挡块，且挡块提供的推力为 F（见图 9-32），则质量块 2 的力的平衡方程为：

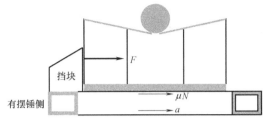

图 9-32　撞击瞬间质量块 2 受力图

$$F+\mu N=m_2a \tag{9-26}$$

式中　μ——质量块 2 与桥面之间的摩擦系数；

　　　N——质量块 2 的重力；

　　　m_2——质量块 2 的质量；

　　　a——桥面瞬时加速度。

挡块提供的推力为：$F=m_2a-m_2\mu g=m_2(a-\mu g)=7\times(626.4-0.8\times9.81)=4329.9\mathrm{N}$。

一般情况下挡块会发生剪切破坏，而质量块 2 则随着桥面一起向没有摆锤的一侧运动。

中间质量块在梁式结构模型位于横向振动最大位移处时，速度为零，准备往回位移，若此时加速度大于某个临界值，则小球会飞出质量块顶部的凹面。如图 9-33（a）所示，小球放置于质量块 2 的凹面内，小球直径为 40mm，质量为 260g。凹面的尺寸如图 9-33（b）所示，假设小球受到恒定的加速度 a 作用，滑动摩擦系数为零，则小球相对于凹面向上运动的位移为：

$$\frac{1}{2}(a\cos\theta-g\sin\theta)t^2=0.095/\cos\theta \tag{9-27}$$

其中，$\theta=\tan^{-1}\left(\dfrac{20}{95}\right)=11.89°$，$t=\dfrac{t_{\mathrm{d}}}{2}=0.0025\mathrm{s}$，根据公式（9-27）解得小球会跑出凹面的临界加速度 a 的平均值为：

$$a=\frac{2\times0.095}{t^2\cos^2\theta}+g\tan\theta=\frac{0.19}{0.0025^2\cdot\cos^2 11.89°}+9.81\cdot\tan 11.89°=31754.7\mathrm{m/s^2}$$

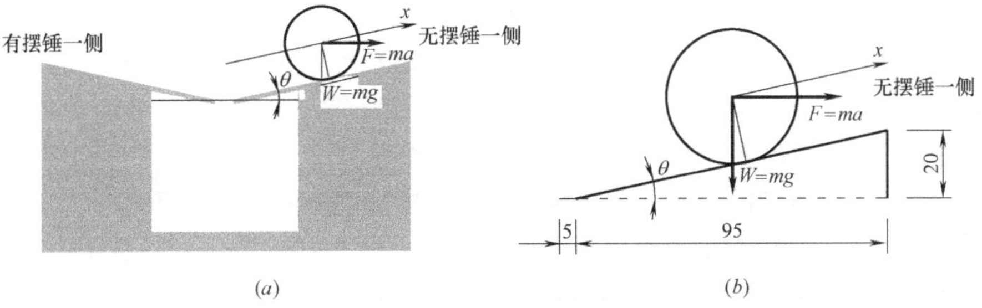

（a）　　　　　　　　　　　　　　（b）

图 9-33　中间质量块顶面凹面和小球

（a）小球放置于凹面内；（b）凹面的尺寸

155

从图 9-31 (c) 可以得到在前 t_d 时间内，最大加速度为 786.9m/s²，平均加速度介于 0～786.9m/s² 之间，因此满足临界加速度要求，小球不会跑出凹面。

9.4.5 有限元分析

1. 计算基本假设
（1）竹条材质连续均匀；
（2）杆件之间刚接；
（3）杆件均采用线弹性模型。

2. 物理模型
根据结构模型的几何尺寸和空间位置，基于 ANSYS 的 APDL 命令流建立其物理模型，如图 9-34 所示。

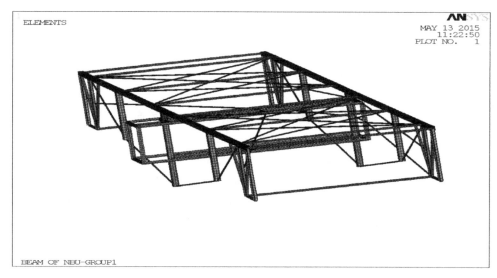

图 9-34　梁式结构有限元模型

3. 静载分析结果
由 ANSYS 分析得到静载作用下的结构变形、竖向位移、等效应力分布如图 9-35～图 9-37 所示。从图中可以看出：结构的竖向位移最大值为 18.473mm；等效应力的最大值为 30.5MPa，出现在主杆与下拉杆的交点处。

4. 动载分析结果
由 ANSYS 分析得到撞击荷载下的结构横向变形和等效应力分布见图 9-38、图 9-39。从图中可以看出：结构在撞击荷载下横向变形最大值为 78.831mm；等效应力的最大值为 826MPa，出现在防撞装置底部，该部位需重点加强。

由 ANSYS 分析得到撞击荷载下防撞装置受撞横杆中点的横向位移时程、主梁跨中节点的横向位移时程、主梁跨中节点的竖向位移时程见图 9-40～图 9-42。从图中可以看出：动载作用下防撞装置受撞横杆中点的横向位移变化范围为 −17～+18cm；主梁跨中节点的横向位移变化范围为 −15～+18cm；主梁跨中节点的竖向位移变化范围为 −13～+10cm。

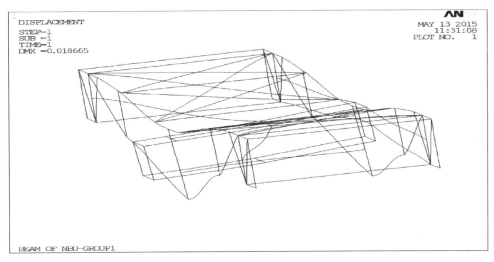

图 9-35　静载作用下结构变形

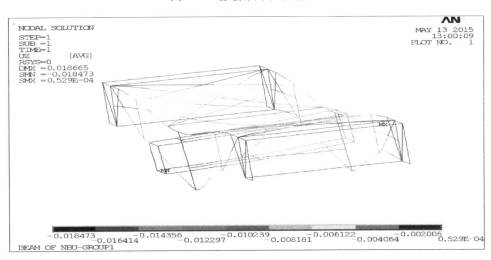

图 9-36　静载作用下结构竖向位移（m）

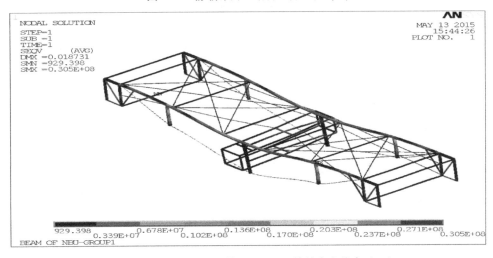

图 9-37　静载作用下结构 Von-Mises 等效应力分布（Pa）

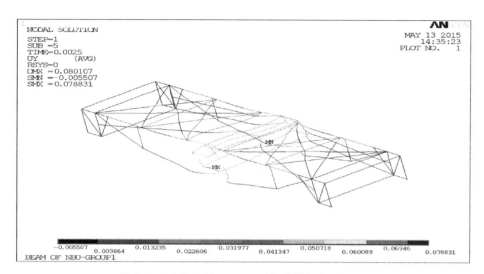

图 9-38　动载作用 0.0025s 时结构横向变形（m）

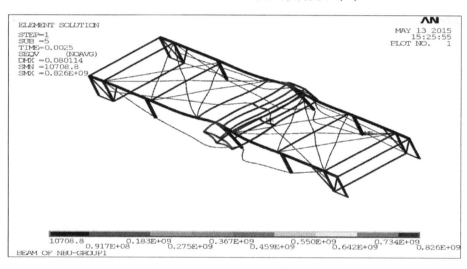

图 9-39　动载作用 0.0025s 时结构 Von-Mises 等效应力分布（Pa）

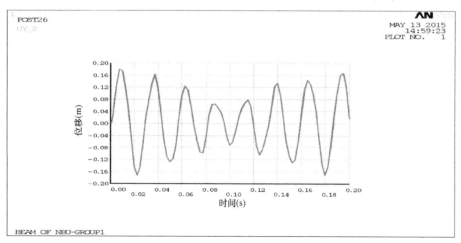

图 9-40　动载作用下防撞装置受撞横杆中点的横向位移时程

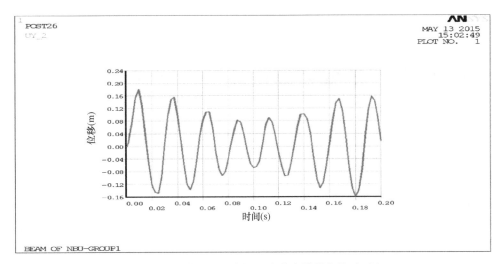

图 9-41　动载作用下主梁跨中节点的横向位移时程

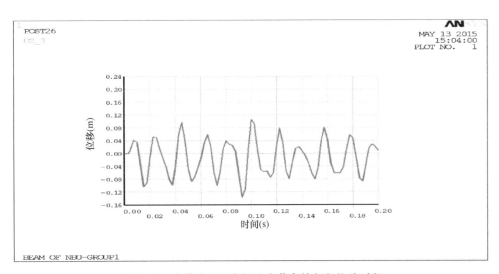

图 9-42　动载作用下主梁跨中节点的竖向位移时程

第 10 章 塔式停车楼模型设计制作与分析

10.1 模型设计制作背景

随着我国经济社会持续快速发展，机动车保有量保持较快增长。截至 2016 年底，全国机动车保有量达 2.9 亿辆，其中汽车 1.94 亿辆，有 49 个城市的汽车保有量超过百万辆，18 个城市超过 200 万辆，6 个城市超过 300 万辆。汽车数量的不断增多，给城市停车带来了极大的挑战。据测算，中国停车位缺口约为 5000 万个。在中国的大城市里，每辆车仅拥有 0.8 个停车位；在中小城市里，每辆车仅拥有 0.5 个停车位。因此，优化停车场设计，解决城市停车难问题，显得至关重要。浙江省第十五届大学生结构设计竞赛以塔式停车楼结构设计与模型制作为题目，寻求塔式停车楼在地震荷载作用下的合理结构形式。

模型为塔式停车楼，制作材料为集成竹材，竹材构件之间采用 502 胶水粘结。竞赛模拟汽车进入停车楼后，由提升设备通过楼内的提升井垂直提升至指定的停车位置（实际比赛时为手动放置砝码）。模型设计时需要设计车辆从底层进入停车楼、垂直提升井及各层水平转运所需的通道空间。塔式停车楼每层必须能承受一定的静荷载，并在相应的动荷载作用下不致失效，加载测试系统如图 10-1 所示。

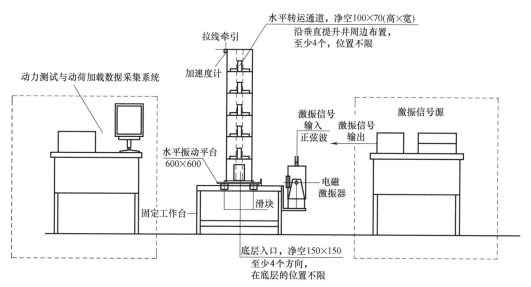

图 10-1 塔式停车楼模型加载测试系统

模型最大水平投影面积为 350mm×350mm，总高为（1200±3）mm，共分为 6 层，每层高度为 200mm，底层与屋顶均不施加荷载。塔式停车楼在底层应至少提供 4 个净空 150mm×150mm（宽×高）供车辆进入塔式停车楼的通道空间，垂直提升井要求从底部贯通到顶层，在塔式停车楼内的位置不限，其水平投影面积不小于 80mm×80mm，每层至少要在垂直提升井周围留有 4 个净空 70mm×100mm（宽×高）的通道，模拟提升到指定楼层后车辆的水平转运空间。模型外形及结构形式不限，固定在指定材质的底板上，底板为 400mm×400mm 集成竹板，厚度 12mm，质量 1500g（误差±20g），模型固定在底板中间不超过 350mm×350mm 的范围内。模型立面及平面尺寸限制分别如图 10-2、图 10-3 所示。

10.2 加载程序与评分规则

10.2.1 加载程序

模型加载分为静载试验和动载试验两部分，其中动载试验在模型自身结构动力性能测试的基础上进行。全部加载试验均在加载台上完成（见图 10-2、图 10-3），加载台为单向

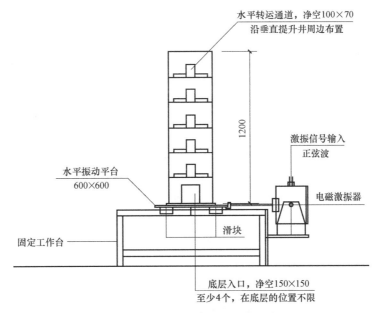

图 10-2 模型立面尺寸限制与加载台立面图

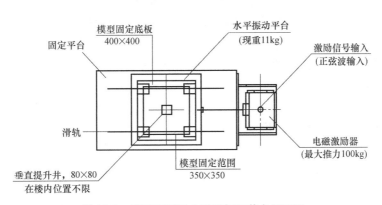

图 10-3 模型平面尺寸限制与加载台平面图

水平振动台，振动激励源——电磁激励器最大出力98N，所有模型激励力固定为73.5N，振动信号源为数字合成信号发生器，波形为正弦波。

加载时，参赛队员将模型按专家组指定的加载方向固定在加载台上，首先施加静载：第一级加载为指定荷载20kg，要求参赛队员自行将钢制砝码（每个质量1.0kg，直径100mm）放置在停车楼的2～6层，每层4个（4.0kg），若塔式停车楼模型在静载作用下不致失效，则在模型顶端固定加速度计（加速度计和固定附件由主办方提供，其质量相对荷载很小）进行动力性能测试（模型加载方向的第一阶频率）。在得到模型结构第一阶频率后，对模型进行扫频激励，扫频范围为模型实测第一阶频率上下扩展2Hz，扫频时间为25s，扫频方式为线性往返扫频（往返扫描模式实际加载时间是50s）。成功通过第一级动力加载后，可进入第二级自主选择加载试验，加载过程同第一级。组委会最多提供8个单重1.0kg的砝码供参赛队员自行选择，只限在停车楼的第5、6层增加荷载，其权重系数分别为0.7、1.3，增加荷载前不能改动原加载砝码的布置方式，也不能在原砝码上叠加。

在任一级加载试验中，当模型出现以下任一情况时，即视为加载失效，退出比赛：

（1）加载砝码坠落；

（2）有构件脱落；

（3）模型整体坍塌；

（4）其他由专家认定的结构失效。

10.2.2　加载评分规则

加载试验满分为70分，按下列公式计算：

$$P = \frac{\alpha_1}{\alpha_{\text{max1}}} \times 50 + \frac{\alpha_2}{\alpha_{\text{max2}}} \times 20 \tag{10-1}$$

$$\alpha_1 = \frac{L_1}{M} \tag{10-2}$$

$$\alpha_2 = \frac{L_2}{M} \tag{10-3}$$

式中　P——加载试验总得分；

α_1——第一级指定荷载加载成功的荷载与结构自重的比值；

α_{max1}——第一级指定荷载加载成功的荷载与结构自重的最大比值；

α_2——第二级自主加载成功的荷载与结构自重的比值；

α_{max2}——第二级自主加载成功的荷载与结构自重的最大比值；

L_1——第一级指定荷载加载值；

L_2——第二级自主荷载加载值，按规定的权重系数统计；

M——模型加载前质量。

10.3　模型设计与制作过程

10.3.1　总体设计思路

根据赛题要求，模型需要承受竖向静载和水平动载。其中竖向静载要求模型具有一定的刚性，承受静载时楼面的挠度不能过大。动载为水平方向的扫频振动，对模型的整体性、稳定性有很高要求。因此考虑将模型设计为局部柔性结构，在保持模型稳定性的同时能有效耗散能量。总体设计思路如下：

（1）主体结构刚中带柔。考虑赛题对提升井的要求，结合材料的使用效率，将楼面主要受力构件支撑在提升井结构上。由于提升井截面较小，能使主体结构具有一定的柔性。

（2）变换杆件截面形状，提高材料的使用效率。考虑到模型 2~6 层需要承受荷载，1000mm 高度内的主杆采用工字杆，在 1000~1200mm 高度上采用 T 字杆，这样既满足了模型的加载要求，又提高了材料的使用效率。

（3）选择合适的横梁截面形式。横梁作为各个主杆之间的重要连接和楼面的支撑结构，既要承受竖向荷载，又要在施加动载时维持模型的稳定性，对其截面的惯性矩有一定要求，但又需要使主体结构保持一定的柔性，因此刚度不能过大，需合理选择截面形式。

（4）考虑结构耗能。模型在动载作用下水平振动，将部分楼面做成受拉结构，使其在主体振动时产生一定的晃动而耗散部分能量，从而减少对主体结构的冲击。

（5）做好楼层之间的联系。在 2~4 层、5 层与 6 层之间分别用拉条连接，保持结构的整体性，防止主体结构在动载作用下侧移过大造成破坏。

10.3.2　方案比较

（1）初期方案

采用梁柱框架结构作为模型提升井主体，主框架尺寸为下底宽 150mm、顶层宽 80mm，柱主杆为用 4 根截面尺寸为 1mm×6mm 的集成竹杆粘结而成的回字形杆，框架横梁为用一根截面尺寸为 1mm×6mm 的集成竹杆和一根截面尺寸为 2mm×2mm 的集成竹杆粘结而成的 T 字形杆。模型的 2、3 层楼面通过竹片悬拉在 4 层楼面上，5 层楼面悬拉在 6 层楼面上。楼面板用竹片铺成，以承载加载块，并通过楼面裁孔在保证楼面强度的条件下减轻其质量。二级加载时，5、6 层楼面分别放置 8 个加载块。

该模型整体刚度较大，主体在振动时发生的水平侧移小，无论是静载时还是动载时稳定性都较好。问题在于初期设计过于保守，整体框架较大，无论是主杆还是其他杆件，质量偏大，材料的利用效率低，模型质量达 240g。同时二级加载时 5、6 层加载块的权重系数差别较大，根据加载评分规则，在模型质量差别不大的情况下，将二级全部 8 个加载块都放置在 6 层方能获得更高的加载分值。

（2）过渡方案

通过初期方案的加载试验和对赛题的进一步研究，发现二级加载时在 6 层加载 8 个加载块能获得更高的加载分值，因此对各层楼面及主杆设计进行了调整，具体如下：①考虑到回字形主杆材料利用效率不高，因此将主杆改为用 3 根截面尺寸为 1mm×6mm 的集成竹杆粘结而成的工字形截面。②将横梁改为截面尺寸为 1mm×6mm 的单根集成竹杆。③为使 6 层楼面能承受两级一共 12 个加载块的静载，并在动载时不至于失稳破坏，对顶层楼面进行了加固。④将楼面由初期方案中厚度为 0.3mm 的竹片满铺而成改为用裁剪后厚度为 0.15mm 的竹片拉条组成。

过渡方案的问题在于改变主杆之后，模型整体刚度下降，同时将二级加载的全部 8 个加载块都加在了 6 层上，模型的整体重心上移，水平振动时模型上部侧移较大，楼面稳定性差，破坏风险度高。且模型整体质量为190g，没有达到理想要求。

（3）定型方案

通过对赛题的进一步理解及对过渡方案的分析，发现二级加载在6层搁置8个加载块后，对动载下结构稳定性要求极高，为保持结构稳定性需加大构件截面尺寸，致使材料用量增加，质量难以控制，在与质量较轻但二级加载较少的模型比较中不占优势。综合权衡，最终确定对加载块布置和杆件截面做进一步优化：①将二级加载调整为5、6层各加载4个加载块，增强结构的稳定性，提高加载的成功率。②采用由3根截面尺寸为1mm×6mm的集成竹杆粘结而成的工字杆作为提升井主杆，满足柔性和刚度要求。③加固楼面的联通部分。根据赛题要求，每层楼面都要满足联通要求，并且联通部分都要满足承重要求，因此对楼面进行了加固，在4、6层楼面增加了撑杆以更好地支撑楼面。④加固拉条。考虑到拉条的强度要求，以及竹片节点处的抗拉强度较低，将连接各层楼面的拉条和主体框架之间的斜拉条改为厚度为0.3mm的竹片。

10.3.3　定型方案概况

定型方案提升井框架高1200mm，下底宽150mm，顶部宽80mm（宽度尺寸均为截面外围尺寸）。层数为6层，层高为200mm。其中2、3、5层的楼面主要以两根截面尺寸为2mm×2mm的竹杆支撑，2、3层楼面竹杆用窄竹片悬挂在4层楼面上，5层楼面竹杆用窄竹片悬挂在6层楼面上，4、6层用截面尺寸为2mm×2mm的竹杆作为楼面支撑梁。

10.3.4　主要杆件规格

（1）主杆

用3根截面尺寸为1mm×6mm的集成竹杆粘结形成的截面高度为8mm、宽度为6mm、腹板厚度和翼缘厚度均为1mm的工字杆。

（2）横梁

框架横梁：截面尺寸为1mm×6mm的集成竹杆。

加固横梁：截面尺寸为1mm×6mm的集成竹杆。

楼面横梁：截面尺寸为2mm×2mm的集成竹杆。

（3）楼面结构

2～6层楼面：截面尺寸为2mm×2mm的集成竹杆和截面尺寸为0.15mm×5mm的集成竹片。

顶层楼面：截面尺寸为2mm～2mm的集成竹杆。

（4）撑杆

4层楼面撑杆：截面尺寸为2mm×2mm的集成竹杆。

6层楼面撑杆：截面尺寸为3mm×3mm和2mm×2mm的集成竹杆。

顶层楼面撑杆：截面尺寸为2mm×2mm的集成竹杆。

（5）拉条

截面尺寸为0.15mm×5mm的集成竹片。

各构件截面尺寸与示意图见表10-1。

构件名称	截面形状及尺寸(mm)	构件示意图
主杆		
顶层主杆		
主横梁		
一层加固横梁		
楼面横梁		
楼面构件		
墙体拉条		

构件名称	截面形状及尺寸(mm)	构件示意图
5 层斜向支撑杆件	2×2	
6 层斜向支撑杆件	3×3	

10.3.5 节点处理

（1）主杆拼接：用 4 片长 20mm 的薄竹片包围，用 502 胶水粘结，起到预固定的作用，再用砂纸打磨连接处，使粉末填充缝隙，保证节点的粘结强度。处理措施如图 10-4 所示。

（2）横梁与主杆连接：横梁与主杆翼缘相连时，在接触面滴加 502 胶水，起到预固定的作用，再用砂纸打磨连接处，使粉末填充缝隙，保证节点的粘结强度。横梁与主杆腹板相连时，在主杆腹板处先加塞一小竹片后再相连。处理措施如图 10-5 所示。

（3）拉条与楼面连接：拉条与楼面之间用 0.15mm×5mm×40mm 的集成竹片连接，用 502 胶水粘结。处理措施如图 10-6 所示。

图 10-4　主杆拼接方式

图 10-5　横梁与主杆连接方式

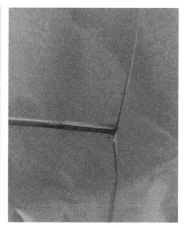
图 10-6　拉条与楼面连接方式

10.3.6　模型三视图与整体效果图

塔式停车楼模型正视图、左视图、俯视图见图 10-7，整体效果图见图 10-8。

166

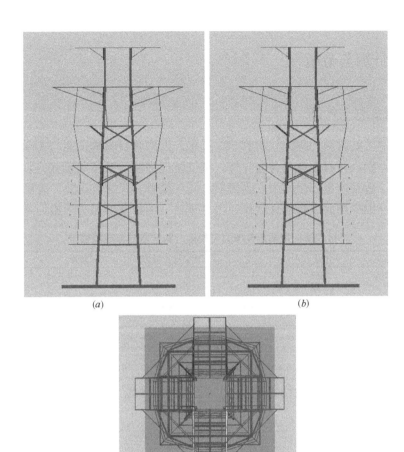

(a)   (b)

(c)

图 10-7　塔式停车楼模型三视图

（a）正视图；（b）左视图；（c）俯视图

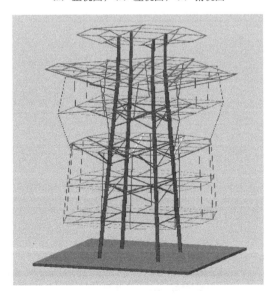

图 10-8　塔式停车楼模型整体效果图

10.4 受力计算与分析

10.4.1 材料规格与性能

竞赛所用的主要材料为集成竹材和502胶水。这两种材料的性能与实际建筑结构所用的材料有很大差别,竹材性能呈各向异性,顺纹抗拉强度、抗压强度较高,容易渗进502胶水,胶水凝结后其质量稍微增大,易脆断。同一批竹材尺寸有误差,表面粗糙程度也不一样,宜经过仔细挑选后进行构件制作。竹材规格、用量及参考力学指标见表10-2。

竹材规格、用量及参考力学指标(制作塔式停车楼模型) 表10-2

竹材规格(mm)	用量	密度	顺纹抗拉强度	抗压强度	弹性模量
420×0.3×1200	3张				
900×2×2	25根				
900×3×3	25根	0.789g/cm³	150MPa	65MPa	10GPa
900×3×6	25根				
900×1×6	25根				

集成竹材之间的粘结采用502胶水,规格为8g/瓶,共计10瓶。502胶水粘结能力强,粘结速度快,能有效地粘结集成竹材,并提高竹材的力学性能。但粘结时需小心谨慎,防止错粘,造成材料浪费。

10.4.2 模态分析

建立有限元分析模型,杆件采用Element188单元模拟,砝码采用Mass21质量单元模拟,由结构分析软件ANSYS计算结果,结构的前三阶自振频率分别为0.89Hz、3.2Hz、6.9Hz,小于实测值,这是由于结构中设置了加强杆,实际刚度增大。结构振型如图10-9～图10-11所示。

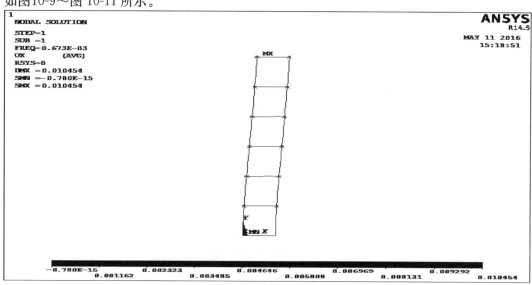

图10-9 第一阶振型(塔式停车楼模型)

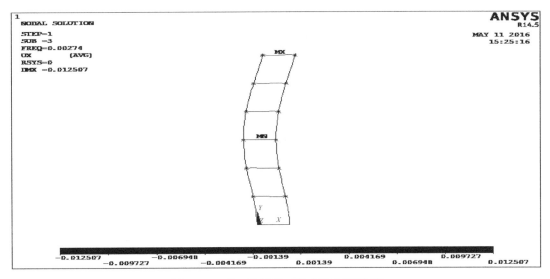

图 10-10　第二阶振型（塔式停车楼模型）

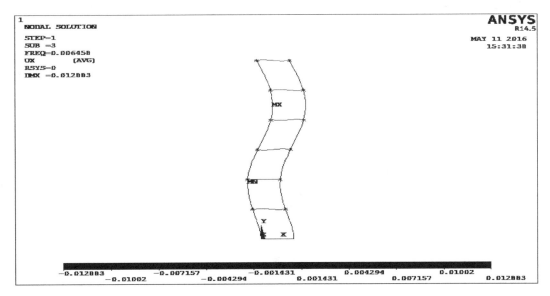

图 10-11　第三阶振型（塔式停车楼模型）

10.4.3　动力反应分析

竞赛时，先施加静载。若塔式停车楼模型在静载作用下不致失效，则在模型顶端固定加速度计进行动力性能测试，得到模型加载方向的第一阶频率。在得到模型结构第一阶频率后，对模型进行扫频激励，扫频范围为模型实测第一阶频率上下扩展 2Hz，扫频时间为 25s，扫频方式为线性往返扫频。成功通过第一级动力加载后，可进入第二级自主选择加载试验，加载过程同第一级。以第二级动力加载为例，此时地面输入的水平振动速度-时间曲线如图 10-12 所示，最大速度为 133mm/s。

采用显式动力分析程序 Ls-Dyna 进行分析，得到模型在地面振动下塔式停车楼各层

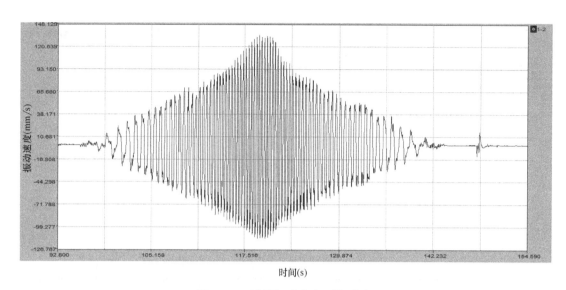

时间(s)

图 10-12 地面振动速度-时间曲线

的位移随时间的变化如图 10-13～图 10-17 所示。从图中可以看出：随着地面的振动，各层的横向位移逐渐增大，且第 3 层、第 4 层、第 6 层的位移相对较大，需采取整体和局部加固措施，以控制结构位移使其不发生倒塌。

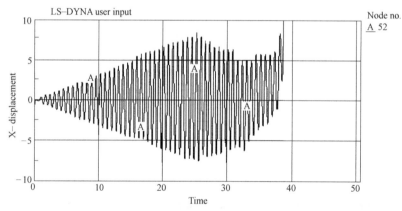

图 10-13 6 层横向位移曲线

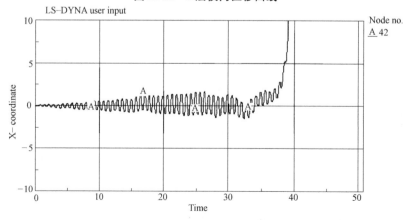

图 10-14 5 层横向位移曲线

170

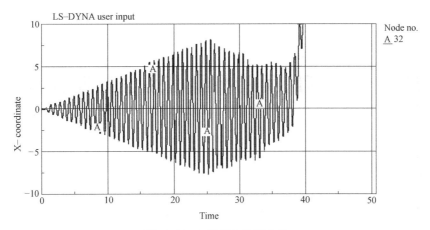

图 10-15　4 层横向位移曲线

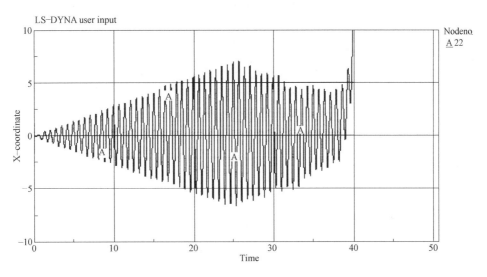

图 10-16　3 层横向位移曲线

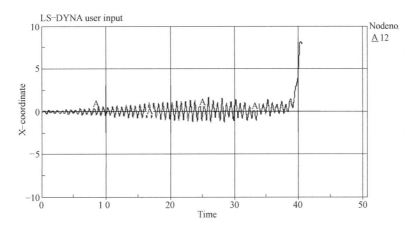

图 10-17　2 层横向位移曲线

171

第 11 章 不等跨两跨桥梁模型设计制作与分析

11.1 模型设计制作背景

自进入 21 世纪以来，我国经济发展十分迅速，基础设施建设日新月异，各种各样的沿江跨海大桥及城市市政桥梁如雨后春笋，层出不穷。对于这些桥梁，如何保证其在日常荷载作用下的强度、稳定性能、变形限值等满足要求至关重要。浙江省第十六届大学生结构设计竞赛以不等跨两跨桥梁结构设计与模型制作为题目，寻求桥梁结构在行车荷载作用下的合理形式，培养学生的创新思维，增强学生的工程结构设计与实践能力。

模型为两跨结构，跨径布置为 500mm＋1000mm，纵向总长 1500mm，需要制作桥梁上部和下部结构，主要制作材料为集成竹材，通过棉蜡线或 502 胶水连接。桥梁的类型不限，但必须保证主要承重构件和桥面为连续的，且要求桥面满铺集成竹片，以便于铺设加载履带。模型最大水平投影面积为 200mm×1500mm，桥面到桥墩底部总高为 250mm（误差±5mm）；桥面以上结构高度不限，桥面以下结构高度需满足通航要求：短跨下小船尺寸为 400mm×100mm、长跨下小船尺寸为 800mm×100mm，如图 11-1 所示。模型

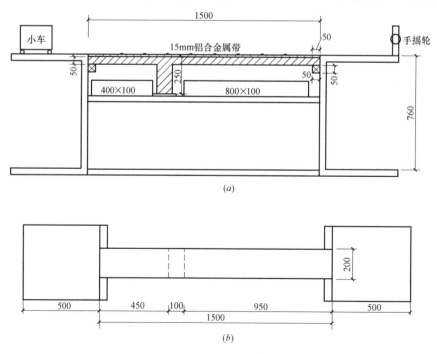

(a)

(b)

图 11-1 加载装置

(a) 总体布置示意图；(b) 平面图

的纵桥向长度为1500mm（误差±5mm），横桥向宽度为200mm（误差±5mm），两端支座处模型高度为50mm（误差±3mm），加载平台、模型以及桥墩尺寸如图11-1所示。如参赛选手设计了桥面纵坡，则桥面纵坡坡度应控制在3.0%以内，并保持桥面平顺、连续。

模型桥面以上必须保证不小于180mm×350mm（宽×高）的桥面通行净空，以用于移动小车。整个模型设置3个支座，位于一条直线上。两端支座间距为1500mm（见图11-1（a）），设置下压板，为模型提供竖向约束，防止模型两头上翘。中间一个支座，截面尺寸最大为200mm×100mm，模型桥墩底面水平投影尺寸应小于中间支座尺寸，中间支座可为桥墩提供竖向约束，但不提供水平约束和转动约束。两端支座高度和间距是固定的，模型只能支撑在3个支座上。

11.2 加载程序与评分规则

11.2.1 加载程序

加载过程模拟路面不平整导致过车时引起桥梁结构振动。先在模型上满铺一条宽180mm的铝制履带，履带总重11kg；履带上设置8个斜坡障碍，履带布置见图11-2，障碍物的位置及尺寸见图11-3。再在履带上通过加载小车，小车自重1500g，小车长220mm、宽120mm、高200mm，小车底板离地高度50mm，左右轮距80mm，前后轮轴距180mm，具体尺寸见图11-4。

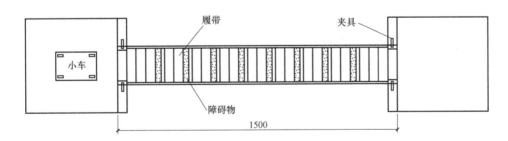

图 11-2 履带布置图

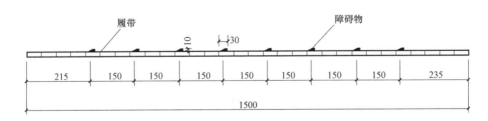

图 11-3 障碍物的位置及尺寸

模型加载分为一级加载和二级加载两部分。一级加载时，参赛选手自行牵引小车从模型一端到达另一端，小车内砝码质量为10kg。行车方向为从短跨到长跨。小车行驶时间

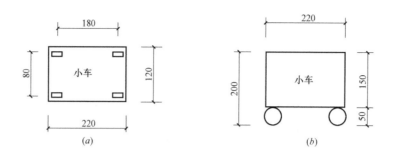

图 11-4 小车尺寸

(a) 平面图；(b) 立面图

在 30～60s 之间，行驶过慢或过快扣除相应分数。在小车行驶过程中，监测长跨跨中挠度，不得超过 20mm。一级加载通过后，选手可自行选择是否进行二级加载。二级加载时，小车内砝码质量由选手自行选择，可选砝码质量为 12kg、14kg、16kg。选手再次牵引小车通过模型，行车方向为从短跨到长跨。小车行驶时间及挠度限值同一级加载。

计算成绩时，取最大一次加载质量计算。在任一级加载试验中，当模型出现以下任一情况时，即视为加载失效，退出比赛：

（1）模型坍塌、杆件脱落；

（2）模型桥面或其他部位失去正常承载能力，导致小车无法正常通行；

（3）移动荷载作用下长跨跨中挠度绝对值大于 20mm。

11.2.2　加载评分规则

加载试验满分为 80 分，模型加载试验得分值 K_i 按下式计算：

$$K_i = \frac{\alpha_i}{\alpha_{\max}} \times 80 - 时间扣分 \tag{11-1}$$

式中　α_i——第 i 个模型两次加载中较大的荷重比，即两次加载中小车内砝码最大值与模型质量之比；

$\alpha_{\max}$——所有参赛模型中两次加载最大荷重比。

小车行驶时间不满足规定扣分：每次总成绩扣除 5 分，超过 120s 视为加载失败。

11.3　模型设计与制作过程

11.3.1　总体设计思路

根据赛题要求，选用了自锚上承式悬带桥体系。上承式悬带桥是 20 世纪 70 年代国外出现的一种新型公路桥梁结构。它有别于一般的悬索桥、斜拉桥，其主索实质上是作为结构的下弦，荷载传递形式类似于一般的上承式拱桥。行车荷载由桥面系通过立柱排架传递给主索。主索悬带是主受力构件。整桥的竖向荷载由预应力索承担，可充分发挥竹材的抗拉能力；桥面梁板结构既用于通车，又作为受压构件平衡拱的水平力；中间的立柱排架作为次结构，以减小结构跨度。整个结构自身锚固平衡，能有效节约材料。

11.3.2 结构选型

1. 结构外形

桥梁桥身长 1500mm、宽 110mm，长、短跨分别为跨中最大高度 100mm、65mm，两边竖杆间隔为 100mm 并且依次递减的弧线结构。长跨支座为长 110mm、宽 45mm、高 40mm 的长方体结构，短跨支座为长 110mm、宽 30mm、高 40mm 的长方体结构。桥墩由底边长 40mm、腰长 53.85mm 的倒三角形承力结构和两个底面边长为 36mm 的正三角形、高为 192mm 的格构式柱子构成。桥身、支座、桥墩三部分结构拼接形成长 1500mm、宽 110mm、高 250mm 的完整桥梁，再用两条宽为 7mm 的竹皮将整个桥梁进行进一步连接，使其一体化，拥有更好的承力作用。桥梁整体布置如图 11-5 所示。

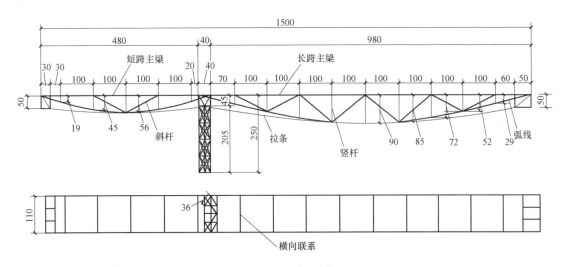

图 11-5　桥梁整体布置图

2. 各部分杆件选择

（1）主梁：短跨为 T 字杆，用两根截面尺寸为 1mm×6mm 的集成竹杆粘结形成，截面高度为 7mm、宽度为 6mm。长跨为工字杆，用 3 根截面尺寸为 1mm×6mm 的集成竹杆粘结形成，截面高度为 8mm、宽度为 6mm，腹板厚度和翼缘厚度均为 1mm。

（2）桥身一侧：竖杆采用截面尺寸为 1mm×6mm 的集成竹杆和截面尺寸为 2mm×2mm 的集成竹杆粘结形成的 T 字杆。斜杆采用截面尺寸为 3mm×3mm 的集成竹杆，部分杆件采用截面尺寸为 2mm×2mm 的集成竹杆。弧线采用截面尺寸为 3mm×3mm 的集成竹杆。

（3）横向联系：采用截面尺寸为 2mm×2mm 的集成竹杆。

（4）支座：除竖向的 8 根杆件采用截面尺寸为 3mm×3mm 的集成竹杆外，其余均采用截面尺寸为 2mm×2mm 的集成竹杆。如图 11-6 所示。

（5）桥墩：柱子采用 6 根截面尺寸为 3mm×3mm 的集成竹杆，其余均采用截面尺寸为 2mm×2mm 的集成竹杆。横梁上表面采用截面尺寸为 2mm×2mm 的集成竹杆，其余均采用截面尺寸为 3mm×3mm 的集成竹杆。如图 11-6 所示。

（6）拉条：将截面尺寸为 0.5mm×10mm 的集成竹片对半撕开，厚度约为 0.2mm，宽度为 7mm。

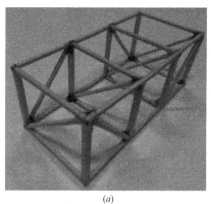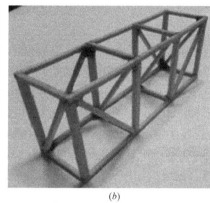

(a)　　　　　　　　　　　　(b)　　　　　　　　　(c)

图 11-6　支座及桥墩

（a）长跨支座；（b）短跨支座；（c）桥墩

3. 节点连接

（1）主梁间的连接：将两根长 750mm 的工字杆（其中一根有 350mm 为 T 字杆）连接，节点处用 4 片薄竹片包围，用 502 胶水粘结，起到预固定的作用；用砂纸打磨连接处，粉末填充缝隙，保证节点的粘结强度（见图 11-7）。

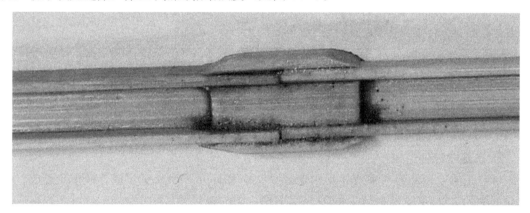

图 11-7　主梁间的连接

（2）主梁与支座的连接：在要与支座连接的工字杆及 T 字杆两侧填入截面尺寸为 1mm×6mm 的集成竹杆，滴加 502 胶水，起到预固定的作用；用砂纸打磨连接处，粉末填充缝隙，保证节点的粘结强度（见图 11-8）。

（3）主梁与竖杆的连接：在工字杆及 T 字杆要连接竖杆的一侧填入截面尺寸为 3mm×6mm 的集成竹杆，再用小刀削去多余部分，T 字杆下沿贴上截面尺寸为 1mm×6mm、长度为 15mm 的集成竹杆；在接触面滴加 502 胶水，起到预固定的作用；用砂纸打磨连接处，粉末填充缝隙，保证节点的粘结强度（见图 11-9）。

（4）主梁与桥墩的连接：在工字杆要与桥墩连接的位置两侧各填入一根截面尺寸为 3mm×6mm 的集成竹杆，再用小刀削去多余部分，在接触面滴加 502 胶水，起到预固定的作用；用砂纸打磨连接处，粉末填充缝隙，保证节点的粘结强度（见图 11-10）。

图 11-8　主梁与支座的连接

图 11-9　主梁与竖杆的连接

图 11-10　主梁与桥墩的连接

（5）拉条的连接：桥墩处两片 0.2mm×7mm 的集成竹片穿过横梁贴合，用棉蜡线将拉条与主梁拉在一起使拉条紧绷，绑线处贴上 0.5mm 厚、7mm 宽的集成竹片防止拉断（见图 11-10）；两头与支座用 502 胶水粘结。

（6）弧线与竖杆、支座、主梁、桥墩的连接：弧线与竖杆、支座连接处滴加 502 胶水，起到预固定的作用；用砂纸打磨连接处，粉末填充缝隙，保证节点的粘结强度。长跨弧线由两根截面尺寸为 3mm×3mm 的集成竹杆粘结而成，在侧面加了一小节截面尺寸为 3mm×3mm 的集成竹杆，并在下面加了一小片截面尺寸为 1mm×6mm 的集成竹杆；长跨的弧线拉到短跨的主梁上粘住，再用砂纸打磨连接处，使粉末填充缝隙（见图 11-11）；短跨的弧线拉到墩上粘住，再用砂纸打磨连接处，使粉末填充缝隙，并用棉蜡线绑住，保证节点的粘结强度（见图 11-12）。

图 11-11　弧线与长跨跨中竖杆的连接

图 11-12　弧线与主梁及桥墩的连接

（7）其他杆件的连接：接触面滴加 502 胶水，起到预固定的作用；用砂纸打磨连接处，粉末填充缝隙，保证节点的粘结强度。

11.3.3　方案比选

1. 构件方案比选

（1）主框架尺寸

初期方案的主框架尺寸设计为桥面宽 180mm（宽度尺寸为截面外围尺寸），通过加载试验发现其刚度过大，材料使用效率较低；于是将框架尺寸改为桥面宽 110mm，加载试验表明结构整体稳定性依然满足要求。

（2）主梁

初期方案采用由 4 根截面尺寸为 1mm×6mm 的集成竹杆粘结而成的回字杆作为主梁，该截面轴心对称，四个面的受弯性能相同，测试后发现其刚度和质量均较大，材料使用效率低；中期通过试验加载后改为由 3 根截面尺寸为 1mm×6mm 的集成竹杆粘结而成的工字杆，既满足了强度要求，又提高了材料的使用效率；后经反复试验，最终将短跨部分进一步改成由两根截面尺寸为 1mm×6mm 的集成竹杆粘结而成的 T 字杆，长跨主梁仍采用工字杆，既满足了强度要求，又最大限度地提高了材料的使用效率。主梁比选见表 11-1。

主梁比选　　　　　　　　　　　　　　　　　表 11-1

初期方案	中期方案	最终方案
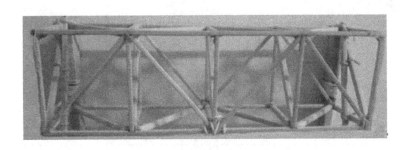		

（3）支座

初期方案长、短跨支座采用长 180mm、宽 50mm、高 40mm 的桁架结构，桁架杆件均用截面尺寸为 3mm×3mm 的集成竹杆粘结而成，整个桁架分成 4 节；在中期方案中，将长、短跨的长度改为 110mm，除竖向的杆件采用截面尺寸为 3mm×3mm 的集成竹杆外，其余杆件改为截面尺寸为 2mm×2mm 的集成竹杆，桁架节数改为 3 节；后经反复试验，最终去掉了部分斜撑，并将短跨支座宽度改为 30mm，长跨支座宽度改为 45mm。支座比选见表 11-2。

支座比选　　　　　　　　　　　　　　　　　表 11-2

初期方案	
中期方案	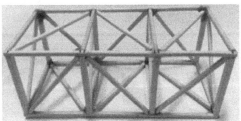

短跨	长跨
最终方案 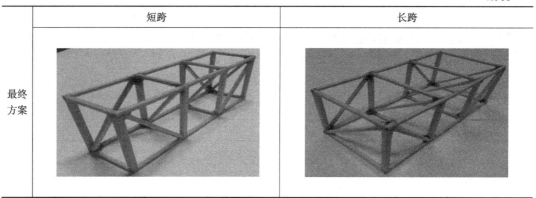	

(4) 桥墩

初期方案中，柱子与横梁均采用由截面尺寸为 3mm×3mm 的集成竹杆做成的三角形桁架，横梁长度为 180mm，共分 4 节，宽度为 40mm，高度为 50mm，柱子底面采用边长为 36mm 的三角形，柱高为 190mm，共分 4 节，横梁与柱子间用 8 根由截面尺寸为 3mm×3mm 的集成竹杆制作的斜撑相连；中期方案中，将横梁长度改为 110mm，共分 2 节，并将横梁上表面的杆件与柱子的全部腹杆换成了截面尺寸为 2mm×2mm 的集成竹杆；最终方案中，将横梁侧面的斜杆去掉。桥墩比选见表 11-3。

桥墩比选   表 11-3

初期方案	中期方案	最终方案
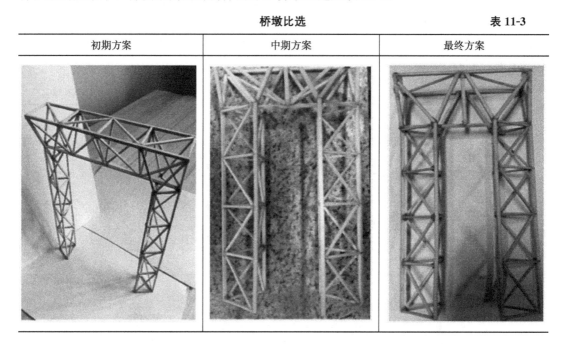		

(5) 斜杆

初期方案中，斜杆均采用由截面尺寸为 1mm×6mm 的集成竹杆和截面尺寸为 2mm×2mm 的集成竹杆粘结形成的 T 字杆，测试发现其刚度较大，材料使用效率较低；中期方案中，先将跨中及长跨靠近桥墩处的 T 字杆保留，其余斜杆均改为截面尺寸为 3mm×3mm 的集成竹杆，后又将跨中的 T 字杆也改为截面尺寸为 3mm×3mm 的集成竹杆；经多次加载测试后，最终将长跨跨中斜撑改为截面尺寸为 2mm×2mm 的集成竹杆。斜杠比选见表 11-4。

斜杆比选   表 11-4

初期方案	中期方案	最终方案	

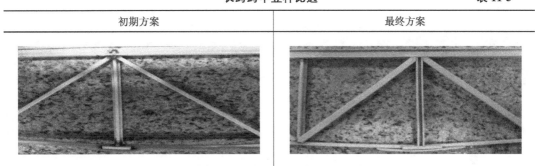

（6）长跨跨中竖杆

初期方案中，长跨跨中竖杆采用由截面尺寸为 1mm×6mm 的集成竹杆和截面尺寸为 2mm×2mm 的集成竹杆粘结形成的 T 字杆，并在两侧加了两片截面尺寸为 1mm×6mm 的集成竹杆，以保证长跨跨中的强度；中期方案中，将跨中竖杆的 T 字杆保留，去掉了两侧截面尺寸为 1mm×6mm 的集成竹杆，测试发现可行，因而作为最终方案。长跨跨中竖杆比选见表 11-5。

长跨跨中竖杆比选   表 11-5

初期方案	最终方案

（7）横向联系

初期方案中，长跨跨中的横杆采用截面尺寸为 3mm×3mm 及 2mm×2mm 的集成竹杆制作，以保证构件的强度；后将横杆全部换为截面尺寸为 2mm×2mm 的集成竹杆，加载测试表明这种改动是完全可行的。横向联系比选见表 11-6。

横向联系比选   表 11-6

初期方案		最终方案

（8）拉条

初期方案中，使用厚度为 0.5mm 的原始竹片作为拉条，宽度为 10mm，在多次测试过程中，发现撕开后的厚度为 0.2mm、宽度为 7mm 的竹片就已具备足够的强度，因此后期方案将拉条改为较薄的竹片。拉条比选见表 11-7。

拉条比选			表 11-7
初期方案		最终方案	
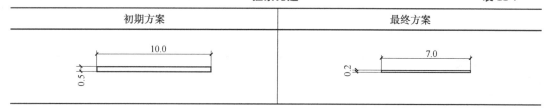			

桥梁模型初期、中期、最终方案实物图见图 11-13～图 11-15。

图 11-13 桥梁模型初期方案实物图

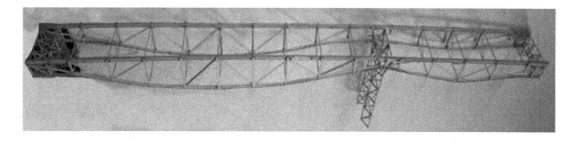

图 11-14 桥梁模型中期方案实物图

图 11-15 桥梁模型最终方案实物图

2. 结构特色

本模型为自锚上承式悬带桥，这种体系具有以下特点：第一，省材料。正常拱产生的是水平推力，只能用受拉构件来平衡，而上承式悬带桥是倒拱，产生的是水平压力，桥面可以直接作为压杆来平衡，节省了一组受力构件。第二，充分利用了竹材抗拉性能强的特点。第三，外形美观。第四，结构刚度大。

11.3.4 模型三视图

桥梁模型三视图见图 11-16～图 11-18。

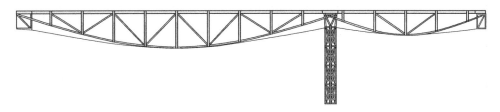

图 11-16 桥梁模型正视图

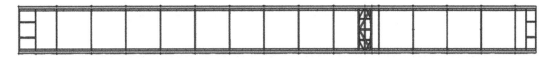

图 11-17 桥梁模型俯视图

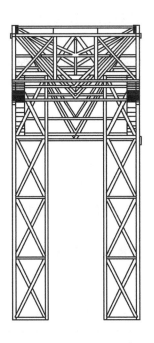

图 11-18 桥梁模型左视图

11.4 受力计算与分析

11.4.1 材料规格与性能

本次竞赛所用材料为集成竹材、棉蜡线和 502 胶水。这三种材料的性能与实际建筑结构所用的材料有很大差别，而构件的力学性能由于原材料间还存在着胶粘剂的作用，也会有所不同。通过对竹材组合截面的轴向压缩、轴向拉伸及抗弯曲性能的试验，对构件的力学性能有了更深入的了解。表 11-8 给出了本次竞赛所用竹材规格、用量及参考力学指标。

竹材规格、用量及参考力学指标（制作桥梁模型） 表 11-8

竹材规格(mm)	用量	密度	顺纹抗拉强度	抗压强度	弹性模量
1200×420×0.5	1 张				
900×2×2	30 根				
900×3×3	30 根	0.789g/cm³	150MPa	65MPa	10GPa
900×1×6	30 根				
900×3×6	30 根				

11.4.2　有限元分析

1. 分析软件的选取

目前，常用的有限元软件有 ANSYS、ABAQUS、Sap2000、Midas Civil 和桥梁博士等通用或专用软件，其中专用的 Midas Civil 有限元软件特别适合于土木工程结构设计与应用，不仅界面友好、操作方便简单，而且可方便考虑结构设计中荷载组合效应，因此采用 Midas Civil 有限元软件建立不等跨两跨桥梁结构的有限元模型并进行相应的计算分析。

2. 基本假设

（1）竹条材质连续均匀；

（2）竹条材质符合胡克定律；

（3）截面符合平截面假定；

（4）杆件与杆件之间刚接，且忽略杆件与杆件叠加引起的刚度影响；

（5）杆件均采用线弹性梁单元模拟；

（6）假设不等跨两跨桥梁结构的桥墩柱底固结；

（7）忽略桥面板刚度的贡献。

3. 有限元模型

采用 MidasCivil 有限元软件建立了不等跨两跨桥梁结构的三维有限元模型，如图11-19所示。主梁、主拱、弦杆（竖杆、横杆和斜杆）、支座和桥墩均采用弹性梁单元模

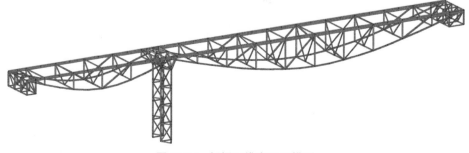

图 11-19　桥梁三维有限元模型

拟。每根主梁离散成33个单元，每根短跨和长跨主拱分别离散成13个和31个单元，大部分弦杆、支座和桥墩构件离散成1个单元，不等跨两跨桥梁有限元模型由425个单元和209个节点组成。履带自重荷载通过均布梁单元荷载施加在主梁单元上。

边界条件：6根桥墩柱底固结约束，两端支座简支约束，如图11-20所示。

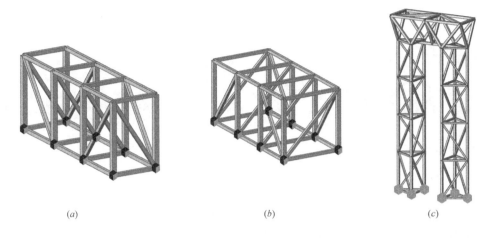

(a)   (b)   (c)

图 11-20　支座和桥墩有限元模型

(a) 短跨支座三视图；(b) 长跨支座三视图；(c) 桥墩三视图

4. 有限元模型验证

为了能够准确预测桥梁在移动小车荷载作用下的效应，需确保有限元模型能够准确地反映其力学性能和响应特点，由于竹材性能的变异性、节点连接刚度以及边界条件的复杂性等，需进行有限元模型验证，验证方法为将实测结果与有限元数值分析结果进行比较。

共进行两级静力加载试验，装有砝码的小车质量分别为10kg和16kg，作用于长跨跨中，如图11-21所示。在两级静力荷载作用下，长跨跨中最大挠度实测值与有限元数值分

图 11-21　静力荷载加载示意图

析结果对比分别如图 11-22、图 11-23 所示。从图中可以看出，在一级静力荷载（10kg）作用下，长跨跨中最大挠度的实测值和有限元数值分析结果分别为 1.85mm 和 1.82mm；在二级静力荷载（16kg）作用下，其实测值和有限元数值分析结果分别为 2.99mm 和 2.50mm，误差在 1.6%～16.4% 之间，表明有限元模型总体上能够反映物理模型的力学性能。

(a)

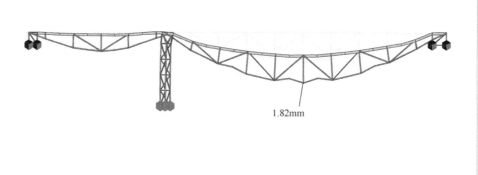

(b)

图 11-22　一级静力荷载（10kg）作用下长跨跨中最大挠度
(a) 实测值；(b) 有限元数值分析结果

(a)

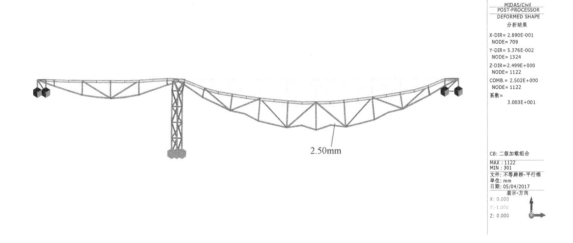

(b)

图 11-23　二级静力荷载（16kg）作用下长跨跨中最大挠度

（a）实测值；（b）有限元数值分析结果

5. 移动小车荷载分析结果

基于上述验证后的有限元模型，分别对 10kg 和 16kg 两级移动荷载作用下的桥梁结构进行了数值模拟分析，其长跨跨中最大挠度分别如图 11-24 和图 11-25 所示，同时也通过视频记录了物理模型的实测挠度变化。比较分析可知，在一级移动荷载（10kg）作用下，长跨跨中最大挠度的实测值和有限元数值分析结果分别为 3.74mm 和 4.23mm；在二级移动荷载（16kg）作用下，其实测值和有限元数值分析结果分别为 4.36mm 和 6.32mm。基于上述分析，不管是数值模拟还是实际加载，设计和制作的桥梁结构模型均能满足最大挠度 20mm 的限值要求，且加载过程中没有发现构件损伤和破坏现象，表明桥梁结构方案设计合理，具有足够的刚度、稳定性和承载能力，且模型的制作工艺较为精良。

(a)

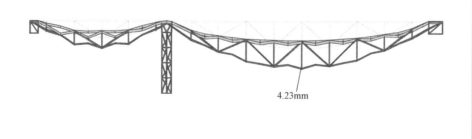

(b)

图 11-24　一级移动荷载（10kg）作用下长跨跨中最大挠度

(a) 实测值；(b) 有限元数值分析结果

(a)

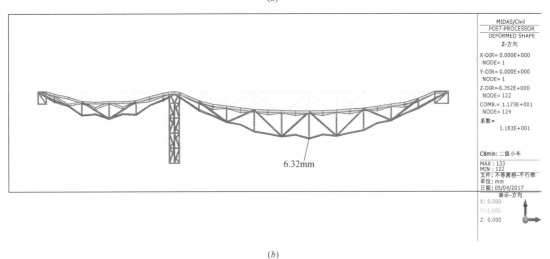

(b)

图 11-25 二级移动荷载（16kg）作用下长跨跨中最大挠度

（a）实测值；（b）有限元数值分析结果

参 考 文 献

［1］ 王金龙. ANSYS12.0土木工程应用实例解析［M］. 北京：机械工业出版社，2011.

［2］ 沈祖炎，陈扬冀，陈以一. 钢结构基本原理［M］. 第二版. 北京：中国建筑工业出版社，2009.

［3］ 陈绍蕃. 钢结构设计原理［M］. 第三版. 北京：科学出版社，2005.

［4］ 强士中. 桥梁工程［M］. 北京：高等教育出版社，2011.